주니어 12
대학

글쓴이 | 박동곤

고려대학교 화학과를 졸업하고 같은 학교 대학원에서 물리 화학으로 석사 학위를, 미국 코넬 대학교 화학과에서 박사 학위를 받았다. 미국 캔자스 주립 대학교에서 연구원을 지냈고, 현재 숙명여자대학교 화학과 교수로 재직하고 있다. 주요 연구 분야는 고체 화학으로 냉장고 탈취제와 리튬 전지 관련 핵심 기술들을 다수 발명했으며 이 중 10여 건이 미국, 일본, 유럽 주요국에 특허로 등록되어 있다. 1995년부터 2006년까지 월간《화학세계》에 화학 만평을 게재하기도 했다. 저서로는『지구를 부탁해』,『에네르기 팡』등이 있다.

그린이 | 임익종

연세대학교에서 건축 공학을 공부했다. 잠시 건설 회사에 다녔지만, 그림 그리고 싶은 꿈을 접지 못해 회사를 뛰쳐나온 뒤로 지금까지 열심히 그림을 그리면서 즐겁게 살고 있다. 지은 책으로『그래요, 무조건 즐겁게』가 있고, 그린 책으로『뜨거운 지구촌』,『한입에 꿀꺽! 맛있는 세계 지리』등이 있다.

화학이 진짜 마술이라고? | **화학**

1판 1쇄 펴냄 · 2016년 2월 5일 1판 6쇄 펴냄 · 2020년 7월 15일

지은이 박동곤
그린이 임익종
펴낸이 박상희
편집 주간 박지은
기획 · 편집 이해선
디자인 김민해
펴낸곳 (주)비룡소
출판등록 1994.3.17.(제16-849호)
주소 06027 서울시 강남구 도산대로1길 62 강남출판문화센터 4층
전화 영업 02)515-2000 팩스 02)515-2007 편집 02)3443-4318,9
홈페이지 www.bir.co.kr
제품명 어린이용 반양장 도서
제조자명 (주)비룡소
제조국명 대한민국
사용연령 3세 이상

ISBN 978-89-491-5362-9 44430 · 978-89-491-5350-6(세트)

이 도서의 국립중앙도서관 출판시도서목록(CIP)은 서지정보유통지원시스템 홈페이지(http://seoji.nl.go.kr)와 국가자료공동목록시스템(http://www.nl.go.kr/kolisnet)에서 이용하실 수 있습니다.(CIP제어번호: CIP2016001784)

화학이 진짜 마술이라고?

화학

박동곤 글 임익종 그림

비룡소

| 차례 |

2부 세상을 바꾼 위대한 화학자들

3부 화학, 뭐가 궁금한가요?

들어가는 글

화학에 대해 전혀 관심 없는 사람이라도 화학이 제공하고 있는 혜택이 없었더라면 단 몇 분도 평범한 생활을 이어갈 수 없다는 놀라운 사실을 아시나요?

아침에 일어나 세면대 앞에 서면 화학 반응을 통하여 만들어진 온갖 물건들이 눈에 들어옵니다. 화학 약품을 섞은 기름을 향료와 함께 굳혀서 만든 비누, 플라스틱을 성형하여 만든 비누통과 칫솔, 미세한 분말에 각종 화학 첨가제를 섞어 놓은 치약, 예쁜 색깔의 안료로 물들인 수건들.

이 닦고 세수한 후 집 안을 둘러보면 그곳에도 마찬가지로 온통 화학 물질이 가득 차 있다는 사실을 깨닫게 됩니다. 각종 플라스틱 물건들, 인조 섬유, 인조 가죽, 의약품, 시멘트, 유리에서부터 인테리어를 꾸미는 데 사용된 페인트, 내장재 등. 그뿐인가요. 전화기, 오디오, 텔레비전과 같은 전자 제품 속에도 각종 첨단 재료로 사용된 화학 물질이 잔뜩 들어 있지요. 물질이라는 관점으로 주변을 둘러보면 이루 헤아릴 수 없을 정도로 많은 화학 물질들 속에서 우리가 살아가고 있다는 사실을 깨닫게 된답니다.

에너지의 관점에서 보아도 마찬가지예요. 맛있는 국을 끓이기 위해서 가스레인지를 켜면 천연가스와 공기가 화학 반응을 일으키면서 생겨난 파란 불꽃이 그릇을 달굽니다. 연료를 태워서 자동차를 운행하고 비행기도 띄우죠. 원자력 발전소에서는 핵화학 반응을 통해서 전기를 만들어 각 가정에 보내 주고 우리는 그 전기를 이용하여 전등불도 켜고, 컴퓨터도 작동시키지요. 대낮을 환하게 밝히는 햇빛도 사실은 태양 안에 있는 가스들 사이에 융합 반응이 일어나면서 발생한 것이지요. 이렇게 우리가 사용하는 모든 형태의 에너지도 앞에서 짚어 보았던 물질과 마찬가지로 갖가지 화학 반응을 통하여 만들어진 것들이랍니다.

만약 어느 순간 이 모든 화학 반응들이 갑자기 멈춘다면 과연 이 세상은 어떻게 될까요? 우리가 누리던 온갖 물질적 혜택들은 다 사라지고 에너지를 잃어버린 세상은 모든 것들이 꽁꽁 얼어붙어 버리면서 암흑에 싸이고 말 거예요.

이처럼 우리를 둘러싸고 있는 각기 다른 형태의 온갖 물질과 에너지를 이해하기 위한 탐구 작업을 화학이라고 합니다. 물질과 에너지를 제대로 이해하여야만 그것을 올바른 방식으로 활용할 수 있겠지요. 그래서 화학적 지식을 쌓는 작업은 우리들이 윤택한 삶을 살아가는 데 있어서 너무나 중요한 일이에요. 만약 물질과 에너지를 잘못 사용하게 되면 우리가 미처 예상하지 못했던 갖가지 부작용이 생기게 되지요. 요즘 문제가 되고 있는 환경 오염, 지구 온난화, 자원 고갈, 쌓이는 폐기물 등은 모두가 다 물질과 에너지에 대한 이해가 모자란 상태에서 이들을 마구 다루었기 때문에 빚어진 결과랍니다.

이처럼 화학 지식이 모자라게 되면 인류의 활동은 우리 의도와는 달리 많은 부작용을 낳게 돼요. 따라서 앞으로 우리 인류가 지속 가능한 생존과 발전을 실현하려면 물질과 에너지에 대한 올바른 이해, 즉 화학 지식을 계속 확장시켜 나아가야만 해요. 뿐만 아니라 그러한 화학 지식의 내용을 가능한 많은 대중들에게 널리 보급해야만 하지요.

화학이 무엇인지에 대해 호기심을 가진 독자들을 위한 '화학 맛보기'를 이 책에서 제공합니다. 찬찬히 읽어 보고 그 내용을 오랫동안 질근질근 씹어서 맛있게 음미해 보기 바라요.

1부

물질과 에너지로 세상을 바꾸는 화학

드디어
철학자의 돌을
찾아냈다!

01

철학자의 돌을 찾아서

연금술사가 화학자라고?

암모니아 냄새만으로도 그의 연구실 근처에 와 있다는 것을 단박에 알 수 있었다. 연구실에서 오랫동안 삭힌 썩은 오줌을 줄곧 끓이고 있었기 때문이다. 오줌을 삭히면 색깔이 짙어지면서 샛노랗게 변하는데, 그의 관심은 바로 이 노란색에 쏠려 있었다.

"노란색을 띠는 것을 보면 오줌 속에 금(Au)이 녹아 있는 것은 아닐까? 계속 끓이고 끓여서 졸이면 마지막에 금(Au)을 얻게 될지도 몰라!"

눈에 띄는 노란색 액체와는 대조적으로 연구실은 칙칙한 분위기의 커다란 창고나 다름없었다. 절구와 공이, 크고 작은 유리 용기와 금속제 그릇들이 이곳저곳에 널려 있었고, 한쪽에는 투박하게 생긴 화로와 아코디언처럼 생긴 풀무, 그리고 각종 집게들이 널려 있었다.

화로 위에는 구형의 커다란 유리 플라스크가 얹혀 있고, 플라스크의 위쪽에는 끝이 점점 좁아지면서 한쪽으로 기울어져 내려오는 원추형 유리 고깔이 삐딱하게 붙어 있었다. 둥근 플라스크에서는 샛노랗게 삭힌 오줌이 펄펄 끓고 있는데, 그 앞에는 수염을 덥수룩하게 기른 남자가 무릎 아래까지 늘어진 가운을 걸치고 끈으로 허리를 질끈 동여맨 채 플라스크 안을 뚫어져라 들여다보고 있었다.

주황색 화롯불 빛을 받아 번들거리는 남자의 얼굴에는 결연한 의지가 묻어났다. 그림자 때문에 더욱 깊게 파인 것처럼 보이는 주름들 사이로 플라스크 안을 응시하고 있는 눈동자가 이글거렸다. 이미 오랜 기간에 걸쳐 수없이 반복된 실험에도 불구하고 주목할 만한 결과물을 손에 넣지 못했던 이 남자에게 이제 남은 것은 인내심뿐인지도 모른다. 어쩌면 이 남자에게 결과물은 그리 중요한 것이 아니었는지도 모른다. 새로운 자연 현상을 관찰한다는 호기심 자체만으로도 충분히 만족스러웠던 것은 아닐까? 어쨌건 그 역한 냄새 속에서도 실험을 반복하며 오랜 기간 매달린 것을 보면 이 남자가 매우 집요한 사람이었음은 분명했다.

오! 황금색!
금이 분명해!
조금만 더!
조금만 더!!
GOLD!!!

오줌을 계속 끓이면 역한 냄새와 함께 수증기가 달아나고 플라스크 안에는 고체 덩어리가 남는다. 이를 조심스럽게 더 가열하면 결국에는 밝은 빛과 함께 하얀 연기가 피어올랐다. 플라스크 앞에 웅크린 채 안에서 일어나는 변화를 세심하게 관찰하던 남자는 이 하얀 연기가 유리 고깔의 끝에서 끈끈한 방울로 응축되어 떨어지는 현상을 결코 놓치지 않았다. 고깔 끝에서 떨어지는 액체를 곧바로 찬물에 떨어뜨려 굳힘으로써 마침내 하얀색의 고체 물질을 얻었다. 원래 얻고자 했던 금은 아니었지만 그는 곧 이 진득진득한 하얀색 고체도 금만큼이나 흥미로운 물질임을 알게 되었다.

왁스같이 보이는 하얀색 고체는 공기 중에 꺼내어 놓으면 쉽게 승화하여 기체로 날아갔다. 이 기체는 스스로 불이 붙으면서 눈이 부실 정도의 밝은 빛을 내면서 탔다. 더욱 놀라운 것은 밤이 되어 깜깜해지면 물속에 보관해 놓은 하얀색 고체가 연한 초록색의 괴기스러운 빛을 스스로 발한다는 사실이었다. 어두움 속에서 스스로 빛을 발하고 낮에는 공기 중에서 밝게 불이 붙는 희한한 물질을 오줌으로부터 추출해 낸 이 남자는 물질을 변질시켜 주는 신비한 능력을 가진 '철학자의 돌'을 마침내 자기 손에 넣었다는 생각에 이 모든 것을 한동안 비밀에 부쳤다.

정부나 기업 연구소, 혹은 대학 연구실에서 크고 작은 비커들과 플라스크, 시험관, 각종 시약병들에 둘러싸여 가열기 위에서 끓고 있는 반응 용액을 뚫어져라 응시하는 오늘날의 여느 화학자들과 다름없어 보이는 이 남자는 1600년대의 중세 시대를 살았던 연금술사 중의 한 명이다. 독일 함부르크에 있는 자신의 연구실에서 오줌으로부터 금을 만들어 내려고 했던 헤니히 브란트(Hennig Brand)는 1669년경 오랜 실험 끝에 삭힌 오줌에서 하얀 고체 물질을 추출해 내는 데 성공했다. 이 하얀색 물질은 원소 상태의 백린(P)이었다.

백린은 인(P)과 원소는 같으나 배열이 다른 동소체 가운데 하나로, 소이탄 등의 폭탄 원료로 사용된다. 백린이 피부에 닿으면 심한 화상을 유발하고, 연기를 많이 흡입할 경우에는 사망에까지 이를 수 있다.

중세의 연금술사라고 하면 아마도 대부분의 사람들은 둥근 수정구에 손을 얹고 이상한 주문을 외우는 엉터리 마법사의 모습을 떠올릴지도 모르겠다. 바닥까지 늘어진 가운을 입고, 끓는 솥에 두꺼비나 지네와 같은 이상한 재료들을 넣고 그 위에 정체를 알 수 없는 가루를 뿌리면서 긴 막대로 휘휘 젓고 있는 별난 마법사 말이다. 하지만 타임머신을 타고 400여 년 전 과거로 돌아가 유리 플라스크에서 오줌을 끓여서 졸이던 연금술사 브란트를 우리가 직접 만난다면, 마법사는커녕 그의 모습이 연구실에서 실험에 몰두하고 있는 오늘날의 화학자들과 별반 다르지 않다는 사실에 아마도 깜짝 놀라게 될 것이다.

하얗고 깔끔한 실험용 가운을 걸치고 눈을 보호하는 커다란

히히히히
연금술사라면
이런 거 아니에요?
그건 편견이에요.
요즘의 화학자 모습과
크게 다르지 않단다.

보안경과 라텍스 고무장갑을 낀 겉모습만 달라졌을 뿐, 플라스크 속을 뚫어져라 바라보는 눈매와 표정에서 묻어나는 화학자의 참모습은 수백 년 전 연금술사들과 조금도 다를 바가 없다. 그 속에는 무엇인가를 자기 손으로 직접 만들어 내고자 하는 창조적인 열정이 숨어 있고, 그것을 실현하기 위한 실질적이고도 구체적인 방법을 알아내기 위해서 온갖 지식과 지혜를 다 짜내는 강한 의지와 집요함이 깔려 있다. 깊은 호기심으로 주변에서 일어나는 변화를 세심하게 관찰하고, 그 결과를 토대로 합리적인 가설을 세우며, 이를 검증하기 위하여 다양하고 기발한 방법으로 나름대로의 실험에 몰두했던 수백 년 전 연금술사들에게서 우리는 시대와 세월을 관통하는 화학자의 본모습을 엿볼 수 있다.

비밀의 열쇠를 찾아라!

연금술사들의 무대였던 중세보다도 훨씬 더 거슬러 올라간 아주 오랜 옛날부터 사람들은 무엇인가를 자기 마음대로 만들어 낸다는 일에 대해 막연한 동경심을 품었던 것 같다. 신의 창조 작업을 나름대로 흉내 내고 싶었다고나 할까? 그렇게 사람들은 무엇인가를 만들어 내려는 시도 끝에 애초에 목적했던 것을 손에 넣기도 했지만, 경우에 따라서는 의도하지 않았던 전혀 새로운 물질을 만들어 내기도 했다.

기원전 3000년경, 지금의 이라크와 시리아에 해당하는 메소포타미아 지역에 살았던 어떤 사람이 남들이 생각하지 못했던 새로운 시도를 하고 있었다. 주변에 흔하게 널려 있던 파란색 돌을 잘게 빻아서 검은 숯과 함께 가루로 만들어 태워 본 것이다. 놀랍게도 숯이 다 타고 난 재 속에서 이 사람은 처음에 넣었던 파란색 돌가루 대신 노란색의 덩어리가 남아 있는 것을 발견했다. 숯불 속에서 파란색 돌(산화 구리)이 노란색 구리로 바뀌어 있었던 것이다! 호기심에서 이런저런 실험을 하던 끝에 이 사람은 자신이 의도하지도 않았던 놀라운 발견을 하게 된 것이다.

또한 뜨거운 액체 상태의 구리를 형틀에 부으면 칼이나 도끼와 같은 날카로운 연장을 만들 수 있다는 사실도 곧이어 터득하게 된다. 주변에 널려 있던 흔한 돌에서부터 구리라는 새로운 물질을 발굴해 내었고, 이를 이용하여 발전된 형태의 각종 연장과 도구를 제작할 수 있게 된 것이다. 원시 상태의 인류 문명이 청동기 시대로 도약하는 발판을 제공했던 이 흥미로운 실험을 누가 했는지는 전혀 알 수 없지만 이 사람이야말로 인류 최초의 화학자였다고 해도 과언이 아니다.

주변에서 일어나는 변화를 면밀히 관찰하여 그럴듯한 가설을 세우고, 자신의 가설이 타당한지를 확인하기 위해 끊임없이 질문을 던지고 답을 좇았던 사람들은 아마도 인류 문명의 초기부터 항상 있었을 것이다. 다만 청동기 시대를 촉발한 그 누군가처럼 그들의 노력과 결과가 기록으로 남아 있지 않을 뿐이다. 그렇다면 기록으로 남아 있는 최초의 화학자들은 누구일까? 오늘날 우리가

파란 돌가루를
태웠는데
노란 덩어리가
나왔다?
이걸로 뭘
만들 수
있을까??

소위 철학자라고 부르는 사람들이 아마도 그들일 것이다. 기원전 400년경 그리스에 살았던 데모크리토스, 소크라테스, 플라톤, 아리스토텔레스와 같은 철학자들은 주변에서 일어나는 자연 현상에 대해 끊임없이 질문을 던졌다.

"우리 주변의 사물들이 무엇으로 이루어져 있기에(=화학적 조성) 저렇게 다양한 변화가(=화학적 반응) 일어나는 것일까?"

이들은 지금도 우리가 사용하고 있는 '원자'라는 개념을 도입하여 물질의 구성을 설명하기 시작했고, 이 입자들이 물, 불, 흙, 공기라는 서로 다른 네 가지 '원소'로 이루어져 있다고 보는 소위 '4원소설'을 주장했다. 이들이 전개했던 논리는 사실상 기록으로 남아 있는 최초의 화학 이론이라고 할 수 있다.

하지만 답을 찾는 이들의 노력은 관찰을 통해 가설을 세우는 것에서 머물렀고 이를 검증하기 위한 실증적인 실험과 연구로 이어지지는 않았다. 어찌 보면 지극히 관념적이었던 철학자들의 작업은 반쪽짜리 완성이나 마찬가지라 할 수 있다. 그 나머지 반쪽을 완성한 것은 바로 실험과 연구를 통해 가설을 검증하면서 무엇인가를 만들어 내었던 연금술사들과 오늘날의 화학자들이다.

그런데 관념 속에서 만들어 낸 이론과는 달리 자신의 의도대로 어떤 물질을 실제로 만들어 내는 것은 생각처럼 그리 쉽지 않았을 뿐 아니라 대부분의 경우 불가능했다. 브란트의 예에서 짐작했겠지만 중세의 그 어떤 연금술사도 자신이 목표로 했던 금을 만들어 내지는 못했다. 노란색 구리를 산에 넣어 보기도 하고 가열해 보기도 하고 각종 첨가물을 함께 넣고 끓여도 보았지만 금이 되지는 않았다. 그래서 사람들은 여기에 반드시 함께 넣어 주어야만 하는 비밀의 물질이 있을 것이라고 믿었다. 자신들이 아직 손에 넣지 못한 일종의 '비밀의 열쇠'가 존재한다고 믿게 된 것이다. 이 신비한 힘을 가진 미지의 물질을 사람들은 '철학자의 돌'이라고 불렀다.

철학자의 돌이란 A라는 어떤 물질을 B라는 다른 물질로 바꾸어 주는, 다시 말해 한 물질을 다른 물질로 '변질'시켜 주는 신비한 힘을 가졌다고 여겨진 상상 속의 물질이다. 특히 납(Pb)이나 구리(Cu)와 같이 우리 주변에서 흔히 구할 수 있는 싸구려 금속을 귀하고 비싼 금(Au)으로 변질시킬 수 있는 힘을 가졌다고 믿었기 때문에 그것이 무엇인지도 모른 채 많은 연금술사들이 이를 손에 넣으려고 했다.

철학자의 돌은 현자의 돌이라고도 한다. 철학자, 현자는 모두 연금술사라는 뜻이다. 이 물질은 비금속을 금으로 바꾸고 금의 양을 무한대로 늘리는 등 성질에 변화를 일으키는 능력을 가진다고 하였다.

철학자의 돌을 손에 넣으려고 행해졌던 연금술사들의 온갖 실험들은 싸구려 금속을 값비싼 금으로 변질시켜 보겠다는 다분히 세속적인 의도를 품고 있었다. 아마도 그러한 세속적인 목적은 연금술사 자신의 것이었다기보다는 연구와 실험에 필요한 자금을 공급했던 고용주의 사심이었는지도 모른다. 물론 과학자로서 순수한 호기심에서 실험에 몰두하는 경우도 있겠지만, 오늘날의 화학자들이 자신의 연구를 수행하는 이면에도 이와 같은 나름대로의 세속적인 목적과 고용주의 의도된 요구가 자리를 잡고 있는 경우가 대부분이다. 연금술사의 입장에서도 기왕 자신이 만들어 낸 물질이 금이나 보석과 같이 비싼 경제적 가치를 지닌 것이라면 굳이 마다할 이유는 없었을 것이다. 더구나 자신이 만든 물질이 만병을 낫게 하고 생명을 연장시켜 주는 불로장생의 약이라면 더할 나위 없이 신나는 일이 아니겠는가?

그건 왜...

02

물질 세계를 탐험하다

마침내

철학자의 돌을 찾아내다

오줌으로부터 추출해 낸 하얀색 고체가 철학자의 돌이라고 철석같이 믿었던 브란트는 일확천금의 꿈을 안고 자신이 얻은 백린을 이용하여 싸구려 금속들을 금으로 변질시키려는 실험들을 비밀리에 수행했다. 하지만 수년에 걸친 집요하고 끈질긴 실험에도 불구하고 금은 손에 넣지 못했고, 자기 재산은 물론 상당한 재력가였던 아내의 재산마저 몽땅 연구비로 탕진해 버리면서 결국 말년에는 비참하고 불쌍한 처지가 되어 버렸다.

브란트의 비밀스러운 작업을 수상히 여겨 뒤를 캤던 당대의 또 다른 연금술사인 로버트 보일(Robert Boyle)이 브란트의 실험을 재현하여 발표하면서 백린을 처음 발견한 공로조차도 남에게 돌아

보일의 법칙이란 온도가 일정할 때, 기체의 압력과 부피는 서로 반비례한다는 법칙이다. 즉 압력을 2배, 3배, 4배로 증가시키면 기체의 부피는 1/2배, 1/3배, 1/4배로 줄어든다.

가기에 이르렀다.

영국 옥스퍼드를 거점으로 삼아 활동했던 보일은 오늘날의 화학자들 사이에서도 아주 잘 알려진 '보일의 법칙'을 세운 인물이다. 보일도 역시 브란트와 같은 시대를 살았던 연금술사였으며 브란트와 마찬가지로 철학자의 돌을 구하기 위해 각종 실험을 수행했다. 하지만 보일은 브란트가 간과했던 한 가지 중요한 사실을 깨닫고 있었다. 금이나 은과 같은 가치가 있는 물질을 손에 넣겠다는 연구의 최종 목표도 중요하지만 온갖 실험들을 수행하는 과정에서 의도하지 않게 얻게 되는 화학적 지식의 가치가 그것보다도 훨씬 더 높을 수 있다는 사실이었다.

그래서 그는 보다 체계적이고 단계적인 실험 방법들을 고안했고, 실험의 진행 과정에서 정확히 관찰하고 측정하여 이를 기록하기 시작했다. 그렇게 얻은 결과를 면밀히 분석하고 그동안 수집해 들인 다른 연금술사들의 실험 결과와도 비교하여 해석함으로써 과거에는 그저 지나쳐 버렸던 화학적 지식들을 캐내기 시작했다. 이른바 '과학적 방법론'을 자신의 연구에 적용하기 시작한 것이다.

같은 시대를 살았던 브란트와 보일은 과거의 연금술사들이 오늘날의 화학자들에게 바통을 넘겨주는 분기점에 서 있었다고 해도 과언이 아니다. 브란트는 과거의 끝자락에서 연금술과 함께 역사의 뒤안길로 스러져 갔고, 바통을 이어받은 보일은 과학적 방법론을 바탕으로 '화학'이라는 새로운 학문의 문을 활짝 열었다. 마치 한 시대의 유행처럼 당시의 많은 연금술사들도 보일처럼 자신의 연구에 과학적 방법론을 적용하기 시작했고, 자신이 얻은 결과를 체계적으로 기록하고 발표함으로써 다른 연금술사들과 널리 공유하기 시작했다. 오늘날까지 명맥을 이어 오는 유럽의 여러 '화학 회의'들도 이즈음에 태동하기 시작했다. 화학이라는 과학적 지식의 축적이 본격적으로 시작된 것이다.

이후 한 세기 동안 화학 지식은 급속하게 팽창하기 시작했다. 마치 땅속에서 잠자던 씨앗들이 봄비가 땅을 적시자 싹을 틔우고 나와 가지를 뻗고 이파리들을 펼치듯이 이곳저곳에서 새로운 화학 지식들이 우후죽순처럼 발굴되기 시작했다. 특히 18세기 말 프랑스의 라부아지에나 영국의 프리스틀리 같은 화학자들의 연구를 통하여 새로운 지식이 꼬리에 꼬리를 물고 계속 축적되기 시작했다.

발굴된 화학 지식들은 마치 그림 맞추기 퍼즐 조각들처럼 한동안 이곳저곳에 아무렇게나 널려 있었다. 하지만 19세기에 들어오면서 마침내 화학자들은 이 퍼즐 조각들을 하나씩 서로 맞추어 나가기 시작했다. 그 과정에서 이전에는 보이지 않았던 더 큰 그림이 떠오르기도 했고 그 속에 아직 남아 있는 빈자리들도 드러났다. 전체 그림을 완성하려면 어느 부분에 어떤 조각을 찾아서 끼워야 하는지가 드러나면서 연구의 행태도 과거에 비해 훨씬 집중적이고 체계적인 모습으로 변해 갔다.

그 자체로서는 아무것도 아닌 작은 부속품들이 설계도에 따라 합체되어 하나의 기계가 되고 나면 이전에는 생각하지도 못했던 기능을 수행하는 것과 같은 놀라운 일도 일어났다. 그 대표적인 예가 바로 주기율표이다. 기원전 400년경 그리스 철학자들이 제안했던 '4원소설'은 2100여 년의 세월이 흐른 18세기에 들어와 완전히 새로운 모습으로 거듭나게 된다. 새로운 종류의 원소들이 속속 발견되면서 물질을 구성하는 원자의 종류가 매우 많다는 사실이 드러나기 시작한 것이다.

연금술사들과 초기 화학자들의 실증적이고 과학적인 실험을 통해 이미 1700년대 말에 34가지의 원소가 확인되었고, 이후 100여 년 동안 50가지의 새로운 원소가 추가되면서 1800년대 말에는 알려진 원소의 종류가 무려 84가지에 달했다.

독일의 마이어, 영국의 뉴랜즈, 러시아의 멘델레예프와 같은 화학자들은 그때까지 발굴된 모든 원소들의 화학적 성질을 끌어모아 서로 비교 분석하기 시작했다. 그 과정에서 이들 원소들을 죽 늘어놓고 보면 일정한 주기를 두고 원소들이 비슷한 성질을 나타

뭔가 보이는 듯도 한데...
이건 이쪽이려나?
??
여... 여기 또 잔뜩!!
7 N
8 O
10 Ne
13 Al
15 P
17 Cl
32 Ge
33 As
35 Br
36 Kr
50 Sn
52 Te
81 Tl
83 Bi
85 At

낸다는 사실에 주목하게 된다. 물질을 구성하는 기본 단위인 원자들 사이에 오늘날 우리가 '주기 성질'이라고 부르는 매우 특이한 규칙이 존재한다는 사실을 발견한 것이다.

이러한 원자들 사이의 규칙적인 질서를 발견한 화학자들은 이 규칙에 따라서 원소 기호들을 나열하여 표를 만들기 시작했다. 바로 '주기율표'이다. 이 중에서도 1869년에 러시아의 화학자인 멘델레예프가 만들었던 표는 오늘날 우리가 사용하는 것과 가장 가까운 모습을 갖추어서 주기율표의 원조라고 일컬어진다.

우리 주변의 모든 물질은 기본적으로 수많은 원자들이 한데 모여 있는 것이나 다름없다. 따라서 원자들에 대한 정보를 집대성해 놓은 주기율표는 사실상 모든 화학 지식의 발원지라 할 수 있다. 마치 같은 발원지에서 시작된 작은 시냇물들이 여러 갈래로 흐르는 하천이 되고 마지막에는 전혀 다른 바다를 향해 나아가는 것과 같다. 주기율표에서 시작된 원자들에 대한 지식은 이리저리 가지를 치면서 서로 다른 방향으로 나아가서 물리 화학, 무기 화학, 유기 화학, 분석 화학, 생화학 등과 같이 지금은 서로 판이하게 다른 모습의 화학 영역으로 발전되어 왔다.

그런데 강물에 몸을 맡긴 채 그냥 바다를 향해 떠내려가는 대신 발원지를 찾아 흐름을 거스르며 나아간 사람들이 있었으니, 이들이 바로 중세의 연금술사들과 초기의 화학자들이었다. 모두 마음속 깊은 곳에 철학자의 돌을 찾겠다는 염원을 품었던 사람들이다. 각자 다른 방향으로부터 거슬러 올라온 이들이 서로 맞닥뜨리게 되는 그곳, 바로 화학 지식의 발원지에 그들이 그토록 찾아 왔던 철학자의 돌이 숨겨져 있었으니 그것이 바로 주기율표였다.

그런데 놀라운 것은 이들 중 누구도 마침내 자신이 철학자의 돌을 찾았다는 사실을 깨닫지 못했다는 것이다. 수많은 작은 조각들로 쪼개진 채 숨겨져 있었기 때문이다. 쪼개진 조각을 낱개로 손에 넣었던 중세의 연금술사들과 초기의 화학자들은 자신이 철학자의 돌을 손에 쥐었다는 사실을 미처 깨닫지 못했다. 마치 수수께끼처럼 던져져 있는 원소의 주기 성질이라는 단서를 풀면서 각자가 찾아낸 조각들을 한데 모아 놓고 한 덩어리로 합체했을 때에야 비로소 철학자의 돌은 그 실체를 우리 눈앞에 드러냈던 것이다. 바로 주기율표이다.

주기율표는

화학자의 색안경

주기율표는 사실상 화학자의 색안경이라 할 수 있다. 화학자는 주기율표라는 창을 통해서 세상을 이해하기 때문이다. 이 색안경을 통해 세상을 대하면 주변의 모든 사물들은 단순한 원자들의 집합체로 보인다. 그래서 화학자는 어떤 특정한 물질을 서술할 때 어떤 종류의 원자들이 서로 어떤 개수의 비율로 한데 모여 있는지를 나타내는 '화학식'을 사용하여 이를 묘사한다.

예를 들어 소금은 소듐(또는 나트륨)(Na)과 염소(Cl)의 원자들이 1 : 1의 비율로 한데 모인 커다란 원자 집합체이다. 그래서 소금을 화학식으로 표현하면 'NaCl'이 된다. 화학자의 색안경을 통해 바라본 세상에서 물은 수소 원자와 산소 원자가 2 : 1의 비율로 모여 있는 'H_2O'가 된다. 손가락에 끼는 18K 금 반지는 금(Au)과 구리(Cu)가 3 : 1의 비율로 섞인 원자들의 집합체이다. 원자 개수의 비율을 상대적으로 따져서 화학식으로 표현하면 'Au_3Cu'가 된다. 화학자의 눈에는 18K 금반지가 곧 'Au_3Cu'인 것이다.

금을 14K, 18K, 24K로 구분하는데, K는 캐럿(Karat)의 줄임말로 금의 순도(순물질이 차지하는 비율)를 나타내는 단위이다. 보통의 순금(99.9%)을 24K라 하고, 18/24만큼의 금에 6/24만큼 은이나 동을 넣어 만든 합금을 18K로 표현한다.

반지에 박힌 반짝이는 다이아몬드는 탄소(C)라는 한 가지 종류의 원자들이 한데 모여 있는 고체 덩어리이다. 물론 그렇게 모여 있는 탄소 원자들이 서로 어떤 방식으로 손에 손을 잡고 있는지에 따라 연필심에 사용되는 부드러운 흑연이 되기도 하고 잉크나 마스카라의 검은색 안료로 사용되는 카본 블랙이 되기도 한다. 비록 겉모습은 서로 다르지만 이 세 가지 물질들은 모두 단순히 탄소 원자들의 집합체에 불과하다. 즉 다이아몬드와 흑연 그리고 카본 블랙을 화학식으로 표현하면 모두 'C'가 된다.

따라서 주기율표의 색안경을 쓰고 세상을 바라보면 다음과 같은 근본적인 질문에 대한 답을 꿰뚫어 보게 된다.

"도대체 이 세상은 무엇으로 이루어져 있는 것일까?(물질의 화학적 조성이 무엇일까?)"

이 질문에 대한 답을 아는 것과 모르는 것 사이에는 마치 땅과 하늘처럼 큰 차이가 있다. 어떠한 원자들이 어떤 비율로 섞여 있

소금도 화학식으로 표현할 수 있나요?
Na^+와 Cl^-가 한데 모인 NaCl이지!!

는지를 나타내는 '화학적 조성'을 안다는 것은 마치 요리사가 어떤 재료들을 얼마만큼씩 넣어야만 하는지를 알려 주는 레시피를 아는 것과 마찬가지이다. 레시피를 보면서 특정 요리를 완성하듯 화학적 조성을 알면 어떤 방식으로든 그 해당 물질을 만드는 것이 가능해진다.

심지어 화학적 조성을 알고 있을 경우에는 A라는 물질을 B라는 다른 물질로 바꾸어 주는 방법도 쉽게 찾을 수 있다. 예를 들어 검은 흑연과 투명하게 반짝이는 다이아몬드는 보통 사람들의 눈에는 전혀 다른 물질로 보일 것이다. 하지만 화학자의 색안경을 통해서 바라보면 둘 다 탄소(C) 원자들이 한데 엉켜 있는 원자들의 집합체로 보인다. 단지 흑연에서는 탄소 원자들이 다이아몬드에서보다 더 느슨하게 모여 있을 뿐이다.

따라서 흑연을 다이아몬드로 바꾸려면 탄소 원자들이 보다 더 빽빽하게 엉킬 수 있도록 사방에서 압력을 가하여 세게 눌러 주면 된다. 실제로 섭씨 1600도의 온도에서 5만 기압의 압력을 가해 주면 흔해 빠진 싸구려 흑연이 비싸고 귀한 다이아몬드로 변한다.(우리는 현재 이렇게 흑연으로부터 합성한 인조 다이아몬드를 각종 절삭용 공구에 널리 사용하고 있다.)

싸구려 흑연이 값비싼 다이아몬드가 되다니! 이와 같은 '변질'을 얼마나 많은 중세의 연금술사들이 실현하려고 애썼던가! 그런데 물질의 화학적 조성을 제대로 파악하고 나니 변질이 아주 쉽게 우리 눈앞에서 실현된 것이다. 철학자의 돌인 주기율표가 아니었더라면 아무리 많은 실험을 하더라도 실현되지 않았을 일이다.

주기율표는 화학자의 색안경이기도 하지만 동시에 그 색안경을 통해 바라본 세상을 남에게 전달하는 데 사용되는 '화학적 언어'의 기본적인 틀이기도 하다. 주기율표를 빼곡히 채운 백여 가지의 서로 다른 원소 기호들은 언어의 기본적인 구성 요소인 자음과 모음, 즉 알파벳에 해당한다. 따라서 화학자에게 주기율표란 자음과 모음이 새겨진 키들을 두드려서 문장을 써 내려가는 컴퓨터의 자판과도 같다.

알파벳의 낱자들을 조합하여 단어를 만드는 것처럼 화학자는 원소 기호들을 적절하게 조합하여 화학식을 써 내려간다. 이렇게 쓴 화학식이란 일상적인 언어에서 사용되는 단어에 해당한다. 예를 들어 'NaCl'은 소금을, 'H_2O'는 물을, 'Au_3Cu'는 18K 금반지를 묘사하는 일종의 화학적 단어들이다. 마치 문학가가 단어들을 나열하여 문장을 완성하듯이 화학자는 화학식들을 나열하여 나름대로의 화학적인 문장을 써 내려가는데, 그렇게 완성된 문장을 우리는 '화학 반응식'이라고 한다.

예를 들어 어떤 문학가가 "쇳덩어리를 공기 중에 두었더니 붉게 녹이 슬어 버렸다."라는 문장을 작성했다고 하자. 쇠가 녹이 스는 현상을 화학자의 색안경을 쓰고 바라보면, 문학가가 보지 못했던 원자들의 집합체를 보게 된다. 쇳덩어리는 철(Fe) 원자들이 한데 모여 있는 것이며, 붉은색 녹은 철(Fe) 원자와 산소(O) 원자가 2 : 3의 개수 비율로 한데 뒤엉킨 원자들의 집합체이다. 공기는 질소 분자(N_2)와 산소 분자(O_2)들의 기체 혼합물로 보인다. 따라서 문학가가 기술한 동일한 현상을 화학자의 색안경을 낀 채 주기율표라는 자판을 두드려 화학적인 문장으로 다시 쓰면 다음과 같은 화학 반응식이 된다.

$$4Fe + 3O_2 \rightarrow 2Fe_2O_3$$

따라서 주기율표라는 화학자의 색안경을 끼고 세상을 바라보면 다음과 같은 또 다른 질문에 대한 해답을 쉽게 이끌어 낼 수 있게 된다.

"우리 주변에서 일어나는 다양한 변화의 실체는 도대체 무엇인가?(우리 주변에서는 어떠한 화학 반응들이 일어나고 있는 것인가?)"

주기율표를 아직 손에 쥐지 못했던 초기의 연금술사들은 화학적 조성이 무엇인지, 그리고 화학적 변화가 어떻게 일어나는 것인지를 정확히 몰랐다. 따라서 자신이 원하는 특정한 변화, 예를 들어 납을 금으로 바꾸는 '변질'을 실현하기 위해 어떻게 접근해야 하는지에 대한 아무런 단서도 가지고 있지 못했다. 그러다 보니 이들이 행하는 모든 실험과 연구는 그야말로 시행착오와 실패의 연속이었다.

심지어 많은 연금술사들이 영적인 존재의 개입이 있어야만 실험에서 기대하는 변화를 이끌어 낼 수 있다는 미신에 가까운 믿음에 얽매여 있었다. 전해져 내려오는 신화들에 집착했고 종교적인 기적에 기대었다. 괴기스러운 각종 마술들이 횡행하기도 했다.

하지만 이들의 작업이 결코 헛된 것은 아니었다. 수백 년 동안 집요하게 이어진 연금술사들의 실험을 통해 주기율표를 조립할 수 있는 충분한 화학적 자료들이 축적되었으니 말이다. 이들의 고된 작업 덕분에 마침내 비밀의 열쇠나 마찬가지인 주기율표를 갖게 되면서 우리는 주변의 물질들이 다양한 종류의 원자들로 이루어진 집합체라는 사실을 알게 되었다. 또한 물질들이 서로 만나서 원자를 주고받으면 원자들의 종류와 개수 비율이 바뀌어 다른 물질로 변하게 된다는 사실도 꿰뚫어 보게 되었다. '화학 반응'이 무엇인지에 대한 정확한 개념을 이해하게 된 것이다.

이를 계기로 물질 세계에 대한 이해의 폭이 놀라운 속도로 넓어지기 시작했고 과거에는 생각지도 못했던 많은 것들이 실현 가능해졌다. 자연에 이미 존재하는 물질을 화학 반응을 통해서 똑같이 만들어 낼 수 있게 되었고, 심지어 존재하지 않았던 미지의 새로운 물질을 합성해 내는 것도 가능해졌다. 사실상 주기율표의 등장을 계기로 화학의 지평이 무한한 가능성을 향해 확 펼쳐졌다

해도 과언이 아닌 것이다.

그래서일까. 모든 화학 교과서에는 겉표지를 넘겨서 첫 장을 펼쳐 들면 그곳에 예외 없이 주기율표가 앉아 있다. 이것이 바로 연금술사들이 그렇게 찾아 헤맸던 철학자의 돌이다.

03

에너지 세계를 탐험하다

잠에서 깨어난 화학 유전자

자신에게 주어진 환경에 적응하는 데 있어서 동물은 다분히 수동적이다. 하지만 인간은 단순히 적응하는 데서 멈추지 않고 자기가 가진 모든 능력을 동원하여 주변 환경을 인위적으로 바꾸려고 시도한다. 인류 문명의 발달사는 인간이 자연에 개입하여 어떠한 방식으로 변화를 주도해 왔는지를 잘 보여 준다.

그런데 그 과정을 살펴보면 인간은 크게 두 가지의 다른 방식으로 주변 세상에 대한 인위적인 개입을 실현해 왔다는 사실을 알 수 있다. 그것은 바로 주변 물질 세계에 대한 '변형'과 '변질'이다.

변형이란 어떤 물질의 실체는 그대로 둔 채 겉모습만 바꾸는 '물리적 변화'를 말한다. 반면 변질이란 겉으로 드러나는 형태뿐 아니라 근본적으로 그 물질의 조성까지 바꿈으로써 온전히 다른 물질로 바꾸어 버리는 '화학적 변화'를 의미한다. 구석기 시대의 어느 원시인의 일상을 상상해 보면 이 두 가지 방식의 차이를 쉽게 알 수 있다.

동물은 이빨이나 발톱과 같이 자신에게 주어진 신체적 수단을 사용하여 사냥한다. 반면에 원시인은 나뭇가지나 돌과 같이 무기가 될 만한 재료들을 주변에서 취하여 자신이 의도한 용도에 맞도록 변형할 방법을 끊임없이 모색한다. 돌 끝을 뾰족하게 갈아서 타격할 때 줄 수 있는 충격을 극대화하고, 나무 손잡이를 달아서 원심력을 추가함으로써 더 큰 충격을 일으키게 한다. 흑요석이라는 유리질의 돌을 요령껏 깨뜨리면 칼날과 같은 날카로운 면이 생긴다는 사실을 발견하고는 날을 세운 화살촉을 만들어서 활과 화살로 저 멀리에 있는 동물을 쓰러뜨리기도 한다. 이 모두가 인류 문명의 초기에 원시인이 주변의 물질 세계에 개입하여 의도적으로 변형을 주도한 예이다.

원시인은 단순히 물질의 형태를 바꾸는 것에서 멈추지 않고 변질이라는 또 다른 방식의 변화도 시도하는데, 그 계기가 된 것이 바로 불의 사용이었다. 벼락이 떨어져서 초원에 불이 나면 동물들은 모두 불을 피해 달아났지만 원시인은 오히려 그 불을 가져와서 활용할 방법을 찾았다. 밤이면 모닥불을 피워서 추운 몸을 녹이

휘이!
저리 가!
저리 가
이놈들!
크르르르
깨갱
불에 구우면
신기하게
훨씬 맛나단
말이지...

잘 먹겠습니다!
역시
다리야!!

고 때로는 불붙은 불쏘시개로 맹수들도 물리쳤다.

그러다가 원시인은 인류의 발달사에서 한 획을 긋는, 어떻게 보면 역사적으로 가장 주목해야 할 행동을 하게 된다. 바로 생으로 먹던 고기를 불에 구워서 먹기 시작한 것이다. 그것이 뭐 그리 대단한 행동이냐 싶겠지만 바로 이때가 인간이 처음으로 어떤 물질에 열을 가하면 다른 물질로 바뀌는 화학적 변화가 일어난다는 사실을 깨달은 시점이다.

인류가 언제부터 불을 사용하기 시작했는지는 명확히 알려지지 않고 있다. 현재까지 발견된 가장 오래된 불의 사용 자국은 150만 년 전 남아프리카 스왈시크란스 동굴이나 140만 년 전 동아프리카 케냐의 체소완자 유적 등이다.

짐승도 사람처럼 나름대로 재료를 변형하여 생활에 활용한다. 까치는 입으로 물어 온 작은 나뭇가지들을 얼기설기 엮어서 나무 위에 집을 짓는다. 겉보기에는 엉성해 보이지만 웬만한 태풍에도 끄떡하지 않는 공학적으로 매우 놀라운 구조를 가지고 있다. 제비는 부리로 마른풀을 물어다가 진흙과 함께 뭉개어서 마치 흙벽돌집을 짓듯 처마 밑에 튼튼한 둥지를 만든다. 침팬지는 손으로 나뭇가지를 다듬어서 길고 가느다란 작대기를 만든 후 개미굴 깊숙이 집어넣었다가 빼 한데 딸려 나오는 개미들을 훑어서 맛있게 먹는다. 돌과 나무로 도구를 만들고 흙집을 짓던 구석기 시대의 원시인을 그대로 빼닮았다.

하지만 유심히 관찰해 보면 자연에 존재하는 물질을 있는 그대로 사용하는 경우뿐이고 재료에 대한 변질을 통해 다른 물질로 바꾸어서 활용하는 예는 찾을 수 없다. 자연에서 가져온 재료를 활용하는 방식에 있어서 짐승들은 변형하는 단계에 머물렀고 변질이라는 다음 단계로 넘어가지 못했던 것이다. 불을 두려워했던 짐승들이 화학적 변화에 대한 깨달음을 얻을 기회를 갖지 못했기 때문이다. 바로 이 지점에서 인간과 짐승은 서로 다른 길로 들어서게 된다. 동물은 옛적 모습 그대로인 채 뒤에 남겨졌지만 인류는 불의 사용을 계기로 문명의 발달사를 써 내려가면서 마침내 지금과 같은 찬란한 문명을 꽃피우게 된다.

원시인이 불을 사용하다가 곧바로 화학적 변화의 실체를 알아챘을 리는 만무하다. 아마도 그들은 잔뜩 호기심에 부풀어서 불을 가지고 이런저런 새로운 시도들을 해 보았을 것이다. 모닥불을 피워 놓고 그 속에 마른 나뭇가지나 젖은 이파리, 흙이나 돌 등 각종 다른 재료들을 넣어 보았을 것이 분명하다. 그렇게 이것저것 태워 보다가 급기야는 먹다 남은 동물의 살과 뼈를 가열해 보기에 이르렀을 것이다.

처음에는 단순히 타는 것과 타지 않는 것을 구별했겠지만 얼마 지나지 않아 불의 세기나 넣었다 꺼내는 시간을 바꾸어 가면서 가열하는 정도를 조절하는 방법도 터득했을 것이다. 불을 손에 쥔

원시인에게는 주변에서 가져온 여러 종류의 재료들로 시도해 볼 수 있는 신나는 일들이 굉장히 많았을 것이다. 가늘고 긴 작대기 끝에 살코기를 꽂아서 불에 잠시 넣었다가 빼서 씹어 보고, 또 이리저리 돌리면서 한참 동안을 충분히 가열했다가 먹어 보기도 했을 것이다.

그런데 이처럼 불을 가지고 온갖 새로운 시도를 해 보는 원시인의 행동 속에서 중세의 연금술사나 현재의 화학자의 모습을 볼 수 있다. 놀랍게도 이들은 이미 오늘날의 화학자들이 따르는 전형적인 과학적 접근 방법을 구사하고 있기 때문이다. 화학 반응을 통해 물질의 속성이 바뀌는 현상을 주의 깊게 관찰하고 그 관찰 결과를 통해 그럴듯한 가설을 세우며, 이를 검증하기 위해 자신이 설계한 의도된 실험을 반복적으로 수행하면서 자신의 뜻대로 화학적 변화를 주도할 수 있는 방법을 찾았던 것이다.

이처럼 자연에서 가져온 재료를 불로 가열하여 변질시킨 후에 활용했던 원시인이 보여 준 독특한 행동 습성은 화학이라는 영역과 매우 밀접한 연관성이 있다는 것을 알 수 있다. 아마도 인류가 지구상에 존재했던 그 순간부터 모든 사람의 유전자 속에는 화학자로서의 기본적인 본능과 자질이 이미 들어 있었을 것이다. 어찌 보면 유전자에 새겨진 화학자로서의 호기심이 우리 인간을 짐승과 구별 짓게 하는 가장 원초적인 속성인지도 모른다.

그러한 화학자로서의 속성은 결국 원시인으로 하여금 고기를 불에 구워 먹는 단순한 행동에서 벗어나 다른 모든 가능한 방법을 동원하여 화학적 변화를 실현하는 방향으로 나아가게 만든다. 불의 사용을 계기로 유전자에 새겨져 있던 '화학 유전자'가 잠에서 깨어나면서 화학적 지식의 팽창이 시작되었고, 마침내 인류 문명의 발달을 가져온 것이다.

새로운 물질이 사회를 바꾼다고?

원시인이 처음 불을 사용하게 된 것은 인류 문명의 발달을 촉발한 매우 중대한 사건이다. 인간이 처음으로 자신의 손에 에너지를 쥐고 마음대로 활용할 수 있게 된 순간이기도 하다. 불에 먹을거리를 익혀 먹으면서 원시인은 곧 어떤 물질에 열을 가하면 다른 물질로 바뀐다는 사실을 깨닫게 된다. 인간이 처음으로 물질과 에너지의 상호 작용을 관찰한 사건이다.

이후에 이들이 어떠한 행동을 했을지는 쉽게 짐작할 수 있다. 먹을거리뿐 아니라 주변에서 구할 수 있는 거의 모든 재료들을 불에 넣어 가열해 보았을 것이다. 하지만 공기 중의 산소와 반응하면서 타 버리는 연소 반응 이외에는 별다른 특이한 화학 반응을 관찰하지는 못했을 것이 분명하다. 왜냐하면 장작이 타는 온도는 기껏해야 섭씨 400도 이상을 넘어가지 않기 때문이다.

그다음에 등장한 새로운 가열 방식은 장작을 미리 불에 구워 숯으로 만들어 놓았다가 이를 태우는 것이었다. 장작 대신 숯을 태우면 연기가 나지 않아서 자신의 위치를 적에게 들킬 위험이 적었다. 뿐만 아니라 공급되는 산소의 양을 조절하면 불의 세기도 쉽게 조절할 수 있었다. 다 타 버린 재를 덮어 두어 산소의 양을 줄이면 낮은 온도의 불씨를 비교적 장시간 동안 꺼뜨리지 않고 살려 놓을 수 있었고, 반대로 바람을 불어 넣어 충분한 산소를 공급하면 장작을 태울 때보다도 훨씬 뜨거운 열을 낼 수 있었다. 장작 대신 숯을 태운 것은 당시로서는 정말 대단한 기술적 진보였다. 무엇보다도 주목해야 할 것은 숯을 태우기 시작하면서 매우 높은 온도에까지 도달할 수 있었다는 사실이다.

고고학적 연구에 의하면 기원전 약 3000년경에 이미 유라시아 여러 지역에 사는 사람들이 숯을 이용하여 매우 높은 온도로 가열하는 기술을 터득하고 있었다. 땅을 파서 화로를 만들고 그 속에 잘게 부순 숯을 가득 채워 넣고 여기에 긴 대롱을 꽂아서 입으로 바람을 불어 넣는 방식이었는데, 섭씨 1,000도에 가까운 높은 온도까지 도달할 수 있었던 것으로 여겨진다. 이 정도의 높은 온도에서는 단순히 타는 반응뿐 아니라 낮은 온도에서는 관찰되지

400°C
이렇게 하면 불이 훨씬 세지지?
B.C.3000년경
청동!!
훌륭한 무기가 되겠어!
1000°C
B.C.1200년경
어떠냐?
깡!
1300°C
쇠로 만든 갑옷이라 이거야!!!

않았던 다른 종류의 화학 반응들도 일어나기 시작한다. 그중에서도 가장 주목해야 할 반응이 바로 고체 상태에서 일어나는 산화환원 반응이다.

주변에서 가져온 재료들을 이것저것 숯불에 넣고 가열해 보던 와중에 이들은 희한한 현상을 발견하게 된다. 흔하게 구할 수 있는 파란색의 돌을 높은 온도에서 가열하고 나니 파란 돌은 사라지고 그 자리에 노란색의 덩어리가 남아 있는 것을 발견한 것이다. 바로 구리(Cu)였다. 숯의 주성분인 탄소(C)가 일산화탄소(CO)를 거쳐서 이산화탄소(CO_2)로 산화되면서 파란색 원석에 포함된 산화구리(CuO)로부터 산소(O)를 빼내어 원소 상태의 금속 구리(Cu)로 환원시켜 놓았던 것이다. 이를 화학 반응식으로 쓰면 다음과 같이 된다.

$$2CuO \rightarrow 2Cu + \underline{2O}$$ (환원 반응)

$$C + \underline{O} \rightarrow CO + \underline{O} \rightarrow CO_2$$ (산화 반응)

자연에서 채취한 돌을 숯과 함께 가열하여 구리로 '변질'시킨 이 '뜻밖의 우연한 발견'은 석기 시대와 청동기 시대를 가르는 중대한 사건이 된다. 이때 불에 넣었던 파란색 돌은 공작석과 규공작석이라는 암석이었는데, 소아시아와 근동 지방의 노천에서 쉽게 구할 수 있었던 구리의 원광석이었다. 결국 원광석이 풍부했던 이들 지역을 중심으로 구리(Cu)를 주요 재료로 활용하는 새로운 기술들이 등장한다. 특히 구리의 원광석을 가열할 때 주석(Sn)이 포함된 다른 돌을 함께 섞어 주면 구리보다도 훨씬 단단한 청동(bronze)이라는 합금이 얻어졌다.

제련은 광석을 용광로에 넣고 녹여서 함유한 금속을 분리·추출하여 정제하는 일이고, 합금은 하나의 금속에 성질이 다른 금속이나 비금속을 둘 이상 섞어서 녹여 새로운 성질의 금속을 만드는 것이다.

청동이라는 새로운 재료의 등장으로 마침내 청동기 문명의 서막이 올라갔다. 청동으로 만든 칼과 창으로 무장한 강력한 무력 집단이 등장하여 그 세력을 확장해 나갔고, 중앙 집권적인 정치 체제가 자리를 잡으면서 사람들 삶의 모습도 급속도로 바뀌기 시작했다. 이러한 사회적 변화의 모습은 당시의 근동 지방을 무대로 쓰인 구약 성경 속 기록들에 잘 나타나 있는데 여기에 등장하는 아시리아, 바빌로니아, 이집트와 같은 강력한 정치 집단들이 그 힘을 유지할 수 있었던 가장 중요한 요인이 바로 다름 아닌 청동으로 만든 정교하고도 날카로우면서 강한 무기들이었다.

파란색 돌을 숯과 함께 가열하여 청동을 손에 넣은 인류는 기원전 3000년경에 이미 제련과 합금이라는 오늘날에도 그대로 사용되고 있는 야금술(광석에서 금속을 골라내는 방법)의 핵심 기술을 터득한 셈이다. 이 기술이 가진 근본적인 한계는 가열 과정에서 얼마나 높은 온도에까지 도달할 수 있느냐에 있었다. 청동기 문명이 퍼졌던 거의 전 지역에서 가열 온도의 벽을 허물기 위해 양질의 숯을 사용하고 화로의 구조를 개선하는 등 많은 시도가 이루어졌다. 실패를 거듭하며 실험에 매달리는 오늘날의 여느 화학자를 연상시키는 장인들의 집요한 노력으로 마침내 가열 온도의 한계는 조금씩 위로 올라갔다. 기원전 1200년경부터는 마침내 철광석에 포함된 산화철(Fe_2O_3)을 스펀지와 같은 덩어리 상태의 철(Fe)로 환원시킬 수 있는 섭씨 1300도에 도달한다. 숯을 태워서 도달할 수 있는 온도의 한계가 높아지면서 마침내 청동기 시대에 이어 철기 시대의 막이 오른 것이다.

철기 시대가 시작된 뒤에도 수백 년 동안 쇠라는 신소재는 무기나 농기구 등 극히 일부의 제한된 용도로만 쓰이고 대부분의 일상에서는 여전히 청동이 주된 재료로 사용되었다. 숯으로 가열하면 녹아서 액체가 되었던 구리와는 달리 철은 녹는점이 섭씨 1600도에 가깝다. 그래서 녹는점보다 온도가 낮은 섭씨 1300도에서는 무르고 쉽게 부스러지는 스펀지 같은 고체 덩어리 상태로 철이 얻어졌기 때문이다. 스펀지 상태의 철을 망치로 찌그러뜨려서 부피를 줄이고 이를 뜨겁게 달구었다가 망치로 두드리기를 반복한 후에 다시 담금질이라고 하는 열처리 과정을 거쳐야만 비로소 단단한 쇠가 얻어졌다. 따라서 쇠로 만든 연장을 하나 만들기 위해서는 엄청난 양의 노동이 필요했고 그 과정에서 태워 버리는 숯의 양도 굉장히 많아야 했다. 당연히 대량 생산은 불가능했다.

따라서 철로 만든 연장을 얼마나 많이 보유하고 있느냐가 어떤 집단의 세력을 가늠할 수 있는 척도가 되었다. 그 대표적인 예가 로마 제국이다. 로마 제국은 강력한 보병 부대로 유라시아에서 아프리카에 이르는 엄청난 넓이의 영토를 점령하고 통치했다. 로마의 군대는 모든 보병 군인들에게 삽과 긴 창, 단검을 각각 하나씩 지급했는데, 모두 전장의 극한 상황에서도 여간해서 부러지지 않는 강하고 단단한 쇠로 만들어져 있었다. 아직도 청동으로 만든 창과 검으로 무장하던 주변의 세력들에게 로마 군인들은 당연히 상대하기 버거운 적이었다. 독특한 조직 문화와 정치 제도, 문화적인 수용성 등의 사회적 요인에도 불구하고 만약 당시에 쇠라는 신소재가 없었더라면 로마 제국은 결코 존립할 수 없었을 것이다.

로마 제국이 세력을 잃고 분열되면서 시작된 중세 시대에는 거의 모든 세력 집단이 쇠로 만든 무기로 무장하기 시작했다. 쇠로 만든 투구와 갑옷을 걸치고 쇠로 된 무거운 쌍날의 칼을 든 기사로 상징되는 시대였다. 온통 쇠로 된 무기로 무장한 십자군이 유럽 전역을 휩쓸면서 전쟁을 촉발했던 암흑의 시대이기도 하다. 이때에도 여전히 철광석을 가열하는 데 숯을 사용했으니 철제 무기의 대량 생산은 아직도 불가능했다. 당연히 쇠로 된 무기를 만들기 위해서 많은 노동력이 투입되었고, 불을 피울 양질의 숯을 공급하기 위해 수많은 아름드리나무들이 넘어갔다. 이 시기에 유럽에서는 어마어마한 넓이의 울창한 숲이 사라졌다. 「반지의 제왕」이라는 영화에서 '오크'라는 부족이 자신의 군대를 무장시키기 위해서 아름드리나무들을 마구 잘라다가 커다란 화로에 불을 지피면서 종일토록 망치로 쇠를 두드려 칼과 도끼를 만들어 내는 장면이 나온다. 이는 사실상 중세 시대의 우리 인류의 모습을 상징적으로 보여 준다고 해도 과언이 아니다.

적어도 인류가 도달할 수 있는 온도라는 관점에서 보면 이제 숯을 가지고 가열할 수 있는 온도는 그 한계점에 도달해 있었다. 더구나 울창한 숲의 대부분이 파괴되면서 이제는 양질의 숯을 굽는 데 필요한 아름드리나무도 많지 않았다. 재료를 가열하는 방법에 있어서 무엇인가 다른 대안을 찾아야 했다.

중세 시대가 저물어 가던 13세기부터는 숯과 함께 '검은 돌'이라 불리던 석탄이 사용되기 시작했다. 하지만 이미 올라갈 대로 올라간 가열 온도의 한계를 끌어 올리는 것은 여간 어려운 일이 아니었다. 철의 녹는점인 섭씨 1600도까지 온도를 끌어 올리는 데에는 이후에도 수백 년의 세월이 소요되었다. 중세 시대가 가고 근대로 들어선 1800년대 중반이 되어서야 비로소 녹은 액체 상태의 쇳물을 대량 생산하는 것이 가능해졌다. 이때가 바로 인류 문명의 발달사에서 또 한 번의 변혁이 일어나게 되는 '산업 혁명'이 시작된 시점이다.

우리는 흔히 인류 문명의 발달사를 크게 석기 시대, 청동기 시대, 철기 시대, 중세 시대, 근현대로 나눈다. 각 시대의 이름에서도 잘 나타나듯이 청동이나 쇠와 같은 새로운 물질이 등장할 때마다 인류는 광범위한 사회적 변화를 경험했다. 그런데 그러한 새로운 물질이 등장하는 사건의 이면을 들여다보면 재료를 가열하는 방식에서 큰 변화가 있었다는 사실을 알 수 있다. 인류가 주된 재료로 어떤 물질을 사용했느냐를 좌우했던 결정적 요인이 당시의 사람들이 "어떤 방식으로 에너지를 활용했는가?"라는 문제와 매우 밀접한 관련이 있었던 것이다. 인류 문명의 발달 과정에서 전개된 물질의 변천사는 사실상 에너지의 변천사와 그 맥락을 같이하면서 한데 맞물려 있었다.

에너지 세계로 들어가다

액체 상태의 쇳물을 대량 생산하게 된 사건은 사실상 산업 혁명의 도화선에 불을 붙였다고 할 수 있다. 형틀에 쇳물을 부어서 크고 작은 톱니바퀴들, 각종 지렛대와 도르래, 볼트와 너트 등의 규격화된 기계 부품을 쉽게 만들 수 있게 되면서 증기 기관과 같은 기계류의 제작이 가능해졌기 때문이다. 철 덩어리를 모루 위에 놓고 망치로 두드려서 모양을 잡던 과거의 방식으로는 만들기 어려운 부속품들이었다. 이처럼 쇠를 액체 상태로 생산할 수 있게 된 데에는 새로운 방식의 화로도 큰 몫을 했지만 무엇보다도 숯 대신에 코크스를 사용한 것이 주효했다.

석탄을 미리 가열하여 탄소만 남긴 채 다른 불순물을 모두 태워 버리면 코크스가 얻어진다. 마치 장작을 구워 숯을 얻는 것과 똑같은 원리이다. 숯을 태워서 장작보다 훨씬 높은 온도에 도달했던 것처럼 이번에는 석탄 대신 코크스를 태우면서 마침내 철의 녹는점까지 온도를 끌어 올려 쇳물을 대량 생산하는 것이 가능해졌던 것이다.

그러나 인류는 무엇인가를 태우는 방식에 관한 한 사실상 이미 실질적인 온도의 한계점에 와 있었다. 쇠를 대체할 만한 새로운 재료를 보급하기 위해서 온도의 기준을 한 단계 더 끌어 올려야만 한다면, 그 신소재를 얻기 위해서 치러야 할 에너지의 대가는 상상을 초월하리라는 것이 너무도 자명했다. 인류가 쇠라는 신소재를 얻으면서 치른 에너지의 대가가 이미 엄청난 것이었기 때문이다. 숯을 굽기 위해 아름드리나무들을 태워 버리면서 엄청난 넓이의 숲이 사라졌고, 노천에서 주워서 쓰던 석탄으로 모자라 땅속까지 파고 들어가 막대한 양의 석탄을 채굴해 쓰기에 이르렀다. 만약 쇠를 대신할 신소재를 얻기 위해서 더 높은 온도로 가열해야만 한다면 아마도 지구상에 있는 모든 것들을 다 태워야만 할지도 모를 일이었다. 따라서 온도를 높이지 않고도 화학적 변화가 일어나게 할 방법을 찾지 못한다면 쇠를 대체할 새로운 재료가 등장한다는 것은 사실상 크게 기대하기 힘들었다.

그런데 바로 이 점에 대해서 다음과 같은 아주 근본적인 의문을 제기한 사람들이 있었다. 바로 화학자들이었다.

"화학적 변화가 어떠한 에너지의 경로를 따라서 일어나기에 온도를 높여 주어야만 하는 것일까? 온도를 그렇게 높이지 않고도 화학적 변화가 일어나게 할 방법은 없는 것일까?"

인류는 수천 년이라는 긴 시간 동안 불을 사용해 왔다. 주변에서 구한 재료들을 불로 가열하여 다른 물질로 변질시키는 방법도 터득했다. 땔감을 태울 때 나오는 열로 재료의 속성을 바꾼다는 것은 과학적인 관점에서 보면 물질과 에너지가 상호 작용을 하면서 화학 반응이 일어난다는 것을 의미한다. 문제는 물질이 변하는 모습은 있는 그대로 우리들에게 드러나지만 그 과정에서 에너지의 상태가 어떻게 바뀌었는지는 여간해서 눈에 보이지 않는다는 사실이었다. 그러다 보니 중세의 연금술사들과 화학자들의 관심은 아무래도 눈에 보이는 물질 세계에만 집중될 수밖에 없었다. 물질 세계에서 일어나는 변화에 수반되어 에너지 상태도 바뀐다는 사실을 어렴풋이 알았지만 그 보이지 않는 실체를 관찰하기 위해서 어떤 방식으로 에너지 세계로 들어가야 하는지에 대해서는 전혀 감을 잡지 못하고 있었다.

결국 1600년대부터 1800년대까지의 200여 년 동안 화학자들의 연구는 주로 물질 세계에 대한 탐구에 집중되었고 이는 주기율표의 완성으로 이어졌다. 그 과정에서 에너지 세계에 대한 탐구는 건드려 보지도 못한 채 그냥 숙제처럼 뒤에 남겨두기만 했다.

화학자들이 높은 벽을 만나서 더 이상 앞으로 나아가지 못하고 있을 때 의외로 물리학자들이 지원군을 보내 주는 경우가 자주 있었다. 에너지 세계에 대한 탐구가 바로 그러한 대표적인 예이다. 한창 산업 혁명의 불씨가 타오르기 시작하던 1800년대 중반에 클라우지우스라는 독일의 물리학자와 켈빈이라는 영국의 수리 물리학자가 '열'에 관한 이론들을 발표했다. 이들의 이론은 보이지 않는 에너지 세계로 들어가기 위해서 반드시 착용해야만 하는 마법의 안경과도 같은 것이었다. 에너지 세계에서 작동되는 기본적인 규칙인 열역학 법칙들을 기술해 놓았기 때문이었다.

열역학 법칙은 열과 역학적 일의 기본적인 관계를 토대로 열 현상과 에너지의 흐름을 규정한다. 4개의 법칙(열역학 제0법칙, 제1법칙, 제2법칙, 제3법칙)이 있다.

열역학의 이론이 발표되자마자 미국의 수리 물리학자이자 화학자였던 기브스가 이들의 이론을 화학 반응에 적용하기 시작했다. 마침내 화학자들이 그동안 미루어 두었던 에너지 세계에 대한 탐구를 시작한 것이었다.

그런데 아이러니한 것은 물리학자들이 열역학 법칙의 이론을 정립하게 된 역사적 배경을 거꾸로 거슬러 올라가 보면 그 시작점에 바로 1600년대의 연금술사였던 로버트 보일이 있다는 사실이다. 보일은 '공기 펌프'라는 간단한 실험 장치를

공기 펌프를 만들었어!
Robert Boyle
조금만 손보면 효율을 올릴 수 있겠는걸!
James Watt
'열'이 이렇게 '일'로 전환되는군! "카르노의 순환"
Sadi Carnot
마침내 열역학 법칙을 발견했죠.
Rudolf Clausius
호오... 이걸 화학에 적용시키면...
에너지 세계로 들어갈 수 있겠네요.
J. Willard Gibbs

만들어서 자신이 세운 이론인 보일의 법칙을 증명하는 데 사용했다. 그런데 그의 동료 중 한 명이 이 공기 펌프를 원시적인 형태의 엔진으로 개조해서 계속 실험을 하게 되었다. 이후 보일의 공기 펌프는 여러 명의 연구자들에 의한 개조를 몇 차례 거치면서 1700년대 초에는 뜨거운 열로 작동되는 실린더와 피스톤으로 구성된 최초의 '열기관'으로 탈바꿈했다.

이 열기관은 수증기의 뜨거운 열이 어떤 과정을 거쳐서 피스톤이 하는 일로 변환되는지를 관찰하기 위해 사용되었던 일종의 실험 장치였다. 그 효율이 형편없이 낮았을 뿐만 아니라 지속적인 작동도 가능하지 않았다. 그런데 스코틀랜드의 글래스고 대학에서 연구자들의 실험 장치를 만들어 주던 기계공 제임스 와트는 이 열기관을 약간 개조하면 지속적으로 작동하면서도 높은 효율을 낼 수 있다는 것을 보여 줬다. 이로써 보일이 사용했던 공기 펌프로부터 산업 혁명을 촉발한 증기 기관이 탄생한 것이다.

증기 기관이 작동되는 원리에 흥미를 가졌던 프랑스의 물리학자인 카르노가 어떤 과정을 거쳐서 열이 일로 변환되는지를 설명한 '카르노의 순환'이라는 이론 모델을 제시하였고, 그의 모델을 더욱 깊이 연구했던 클라우지우스나 켈빈과 같은 물리학자들이 마침내 에너지 세계에서 적용되는 열역학 법칙이라는 규칙을 발견하게 되었던 것이다.

결국 1600년대의 연금술사인 보일이 던졌던 공기 펌프라는 작은 눈 뭉치는 먼 길을 돌고 돌아 1800년대의 화학자 기브스에게 열역학이라는 집채만 한 눈 덩어리가 되어 돌아왔다. 그리하여 기브스는 그 커다란 덩어리를 계속 굴려서 에너지 세계로 들어갈 수 있는 문을 활짝 열어젖힌 것이었다.

04

탐험 길을 막아선 활성화 에너지

화학 반응의 걸림돌

변질이 일어날 경우 물질의 종류에 따라서 열을 발산하거나 아니면 정반대로 열을 흡수하기도 한다는 사실을 화학자들은 경험을 통해 이미 알고 있었다. 예를 들어 고기를 장작불에 구워 먹는 경우, 장작은 열을 발산한 후 연기와 재가 되었다. 이 과정에서 고기는 장작이 낸 열을 흡수하여 구워진 상태로 바뀌었다. 열이 한 물질에서 다른 물질로 건너가면서 양쪽 모두에서 변질이 일어난 것이다. 이처럼 열이 들거나 나면서 일어나는 물질의 화학적 변화를 화학자들은 그 물질의 '에너지 상태'가 어떻게 변하는지의 관점에서 이해하기 시작했다.

모든 물질은 나름대로 특정한 에너지 상태에 놓여 있다. 높은 에너지 상태에 있던 A라는 물질이 낮은 에너지 상태의 B라는 물질이 되고 싶다면 A는 일단 그 둘 간의 차이에 해당하는 에너지를 버려야만 한다. 이때 A라는 물질이 내버린 에너지가 우리에게는 '발산되는 열'이라는 형태로 감지되었던 것이다.

거꾸로 B라는 물질이 높은 에너지 상태에 있는 A가 되고자 한다면 이번에는 정반대의 일이 일어나야 한다. 즉 그 차이에 해당하는 에너지를 밖으로부터 끌어와야만 B는 A가 될 수 있다. 그래서 B는 누군가가 내다 버린 '열을 흡수'하여 자신의 에너지 상태를 높여서 A로 변질이 된다.

이때 열을 발산하면서 낮은 에너지 상태의 물질로 변하는 과정을 '발열 반응'이라 하고 반대로 열을 흡수하여 높은 에너지 상태의 물질로 바뀌는 과정을 '흡열 반응'이라고 한다. 따라서 같은 화학 반응이라도 그 변화가 진행하는 방향에 따라서 발열 반응일 수도 있고 정반대로 흡열 반응이 되기도 한다.

쇠가 녹이 스는 현상을 예로 들어 보자. 녹이란 철(Fe)이 산소(O)와 반응하여 만들어진 산화철(Fe_2O_3)이라는 물질이다. 따라서 주기율표라는 자판을 두드려서 녹이 스는 현상을 화학 반응식으로 쓰면 다음과 같이 된다.

$4Fe + 3O_2 \rightarrow 2Fe_2O_3$

오랜 세월 동안 많은 양의 녹이 쌓여서 딱딱한 돌이 되면 우리는 그것을 철광석이라고 부른다. 에너지라는 관점에서 보면 철보다 산화철이 훨씬 낮은 에너지 상태에 있다. 흔히 이를 두고 산화철이 훨씬 더 '안정한 상태'에 있다고 묘사하기도 한다. 따라서 철이 안정한 상태의 산화철로 바뀌는 산화 반응은 낮아진 에너지만큼에 해당하는 열을 바깥으로 발산하는 발열 반응이다. 그래서 쇠가 녹이 슬 때는 열이 발생한다. 아주 고운 쇳가루를 공기가 통하는 부직포에 넣어서 만든 핫 팩이 바로 이 원리를 활용한 예이다. 쇳가루가 녹이 슬면서 발생하는 뜨거운 열을 찜질에 이용하는 것이다.

거꾸로 이번에는 산화철(Fe_2O_3)이 다시 철(Fe)로 되돌아가게 하려면 녹이 슬 때와는 반대로 열을 흡수해야만 한다. 앞에서 썼던 화학 반응식을 거꾸로 뒤집으면 다음과 같은 흡열 반응이 된다.

$2Fe_2O_3 \rightarrow 4Fe + 3O_2$

그런데 우리 주변에서 일어나는 화학적 변화를 관찰해 보면 발열 반응이 흡열 반응보다 훨씬 쉽게 일어난다는 것을 알 수 있다. 에너지 상태라는 관점에서 보면 열을 잃어버리는 것이 얻는 것보다 훨씬 쉽다는 뜻이다. 그래서 쇠는 가만히 내버려 두어도 녹이 슬지만 녹은 여간해서 쇠로 되돌아가지 않는다. 그러다 보니 코크스를 태울 때 나오는 아주 뜨거운 열로 철광석을 가열해야만 겨우 철을 얻을 수 있었던 것이다.

이와 같이 쇠가 녹스는 화학 반응을 높고 낮은 에너지 상태를 고려하여 그래프로 그려 보자. 그러면 마치 계단을 통해서 위층(철)에서 아래층(산화철)으로 내려가는 것과 같은 에너지 경로가 드러나는 그림이 얻어진다. 여기서 위층과 아래층의 차이에 해당하는 높이가 바로 쇠가 녹슬 때 열로 방출된 에너지에 해당한다. 만약 녹을 다시 쇠로 돌려놓으려면 이번에는 이 높이에 해당하는 열을 흡수해야만 한다.

그런데 쇠가 녹스는 현상을 주의 깊게 관찰해 보면 주변 상황에 따라 그 속도가 크게 달라진다는 사실을 발견하게 된다. 예를 들어 사막과 같이 아주 건조한 곳에 둔 쇠는 여간해서 녹이 슬지 않는다. 하지만 습기가 많은 곳에 쇠를 방치하면 금방 녹슬어 버린다. 심지어 바닷가처럼 습하면서도 염분이 많은 곳에서는 놀라울 정도의 빠른 속도로 부식이 진행된다. 오랜 세월이 지나서 완전히 녹슬어 버린 후에 보면, 철이 모두 산화철로 변질되었다는 결과로는 이 세 경우가 전혀 구별되지 않는다. 하지만 변화가 일어나는 중간 과정에서는 무엇인가 큰 차이가 있다는 사실을 알 수 있다. 그것은 바로 화학 반응이 일어나는 속도이다. 왜 그와 같은 차이가 관찰되는 것일까?

쇠가 더 안정한 상태의 녹으로 변질되는 과정을 2층에 있던 사람이 계단 통로를 따라 아래쪽에 있는 1층으로 내려간 것에 비유

해 보자. 2층에서 1층으로 내려가는 중간 과정에는 여러 다른 경로들이 있을 수 있다. 곧바로 내려갈 수도 있지만 더 높은 다른 층에 일단 들렀다가 내려가는 수도 있다. 예를 들어 2층을 떠난 후에 7층에 잠시 들렀다가 그곳에서 다시 1층으로 내려갔다고 가정해 보자. 이를 에너지 경로의 그래프로 그려 보면 앞에 우뚝 솟아 있던 봉우리를 넘어서 더 낮은 곳을 향해 내려가는 어느 등산가의 발자취를 따라간 곡선이 그려진다. 아래층에 도달한 후에 지나온 길에서 들고 난 에너지의 총량을 계산해 보면 처음부터 곧바로 2층에서 1층으로 내려간 경우와 똑같은 양의 열을 발산한 결과가 나온다. 처음과 끝만 보면 달라진 것이 아무것도 없는 것이다. 그러나 중간 과정을 보면 직접 가지 않고 7층에 일단 들렀다가 가는 경우가 훨씬 더 먼 경로를 돌아가게 되어 그 결과로써 화학 반응의 속도가 느려지는 현상이 나타났던 것을 알 수 있다.

이처럼 화학 반응이 일어나고 있는 중간 과정에 솟아 있는 봉우리를 '활성화 에너지'라고 하는데 이 봉우리가 높을수록 화학 반응의 속도는 점점 느려진다. 화학 반응이 일어나는 데 있어서는 일종의 걸림돌과 같다. 건조한 공기 중에 둔 쇠가 녹이 슬지 않았던 이유는 바로 이 봉우리가 매우 높았기 때문이다. 반면에 염분이 잔뜩 녹아 있는 물이 쇠에 묻게 되면 이 봉우리가 낮아지기 때문에 매우 빠른 속도로 녹이 슬게 된다.

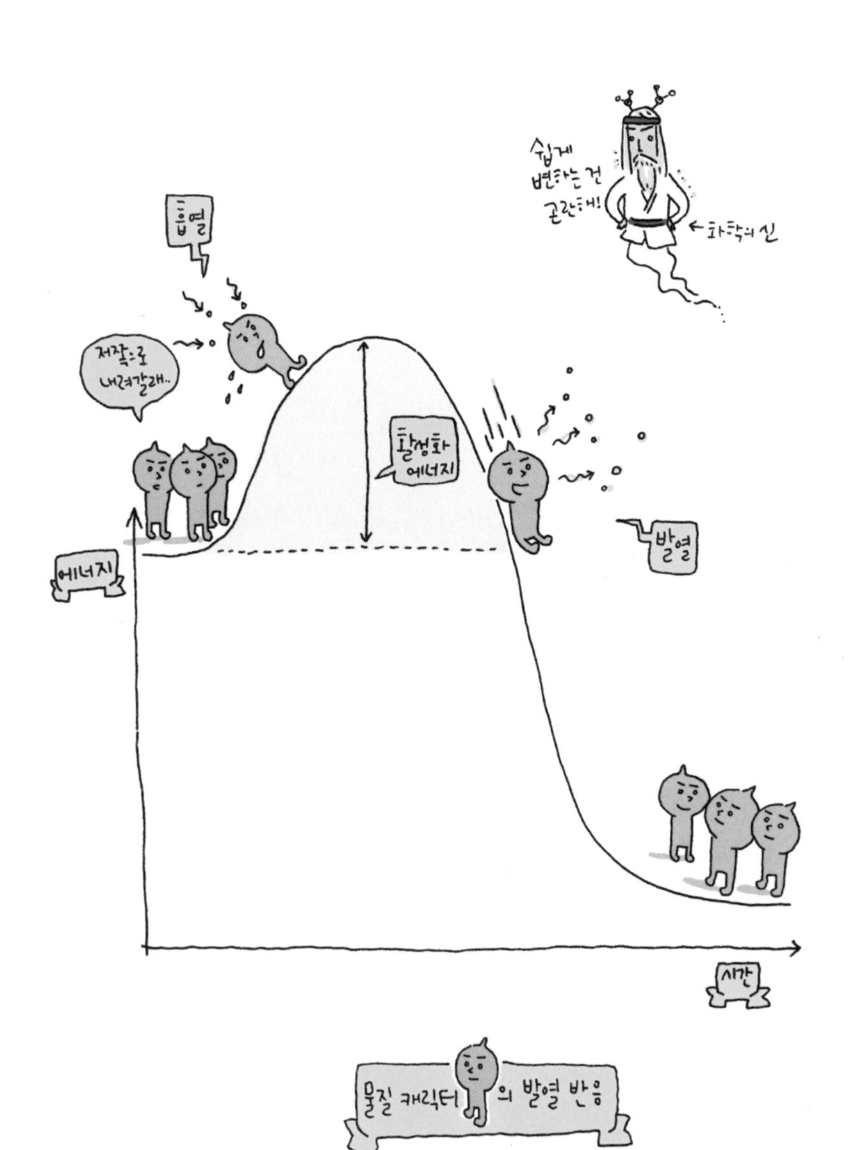
쉽게
변하는 건
곤란해!
← 화학의 신
흡열
저쪽으로
내려갈래..
활성화
에너지
발열
에너지
시간
물질 캐릭터 의 발열 반응

이처럼 물질의 화학적 변화에 수반되는 에너지의 경로를 볼 수 있게 되면서 많은 의문점들이 실타래가 풀리듯이 해결되기 시작했다. 무엇인가를 태우면 왜 열이 발생하는지, 어떤 경우에는 왜 가열해 주어야만 하는지, 왜 경우에 따라 변화가 진행되는 속도가 제각기 달라지는 것인지와 같은 문제의 해답을 찾게 된 것이다. 화학자로서는 그야말로 눈에 보이지 않던 에너지 세계를 환히 들여다볼 수 있는 마법의 안경을 손에 넣게 된 셈이었다.

한 손에는 물질 세계를 들여다보는 주기율표를 들고 또 다른 손에는 에너지 세계를 꿰뚫어 보는 마법의 안경을 거머쥔 화학자들은 마침내 인류가 직면한 온도의 한계를 극복할 우회로를 찾는 신나는 모험에 뛰어든다. 단순히 가열하는 방식으로는 더 이상 나아가기 힘든 한계에 도달해 있던 인류가 지금까지와는 다른 방법으로 '변질'을 실현할 대안을 찾기 시작한 것이다.

활성화 에너지의 봉우리를 낮추려면?

열역학이라는 지식을 통해서 1800년대 후반부터 에너지 세계의 안을 들여다볼 수 있게 된 화학자들은 마침내 화학 반응이 어떤 에너지 경로를 따라 일어나는지를 제대로 이해하게 된다. 화학자들이 무엇보다 주목한 사실은 에너지 경로를 따라가다가 활성화 에너지라는 높은 봉우리를 맞닥뜨리게 된다는 것과 그 봉우리의 높낮이에 따라 화학 반응의 속도가 달라진다는 관찰 결과였다. 화학 반응을 사람이 마음대로 제어할 수 있느냐의 성패를 가늠할 관건은 바로 이 활성화 에너지에 있다는 사실을 깨닫게 된 것이다.

물은 높은 곳에서 낮은 곳으로 흐르고 옥상에서 던진 돌은 땅을 향해 떨어진다. 이처럼 자연의 모든 것들은 안정한 상태로 내려가려는 강한 성질을 가지고 있다. 물질도 매한가지라서 기회만 되면 낮은 에너지 상태의 안정한 물질로 변하려고 한다. 그렇다고 해서 모든 것들이 낮은 쪽을 향해서 항상 내달리는 것은 아니다. 마치 웅덩이의 물이 그대로 고여 있는 것처럼 물질도 자기 원래의 모습을 유지한 채 한참을 제자리에 머물러 있다. 바로 활성화 에너지라는 높은 봉우리 때문이다.

활성화 에너지는 물이 제자리에 그대로 고여 있게끔 하기 위해서 쌓아 놓은 둑과 같은 역할을 한다. 에너지가 높은 쪽에서 보면 이 둑은 내려가지 못하게끔 가로막고 있는 걸림돌이나 다름없다. 높은 곳에 올라가 있는 것들이 이 걸림돌에 걸려서 내려가지 못한 채 그대로 머물러 있다는 사실이 얼마나 다행인지 모른다. 덕분에 건물의 뼈대, 교량과 철도, 자동차와 선박 등 쇠로 만든 모든 것들이 다행히도 금세 녹슬어 부스러지지 않고 그대로인 채 견뎌준다. 그렇지 않았더라면 세상의 모든 쇠는 이미 오래전에 모두 녹슬어 없어져 버렸을 것이다.

쇠뿐이겠는가. 활성화 에너지의 봉우리가 없었더라면 아마도 모든 물질이 바닥상태로 떨어져서 세상은 아무런 화학 반응도 일어나지 않는 적막에 잠겼을 것이다. 그러나 활성화 에너지라는 둑이 있기 때문에 내리막길을 미끄러져 내려가는 발열 반응일지라도 일단 둑을 넘는 데 필요한 만큼의 열을 흡수하지 않으면 어떠한 일도 일어나지 않는다. 땔감을 태우려면 처음에 한참 동안 예열해 주어야만 비로소 불이 붙는 이유가 바로 여기에 있다.

반대로 에너지가 낮은 쪽에서 이 둑을 올려다보면 높은 곳으로 가기 위해서 극복해야만 하는 까마득한 장벽이나 마찬가지이다. 최종 목적지만 보면 금세 올라갈 수 있을 것 같은 높이인데도 이 장벽을 넘어가려면 훨씬 더 높은 곳까지 튀어 올라가야만 한다. 마치 장대높이뛰기 선수가 하늘 높이 치켜 올라갔다가 반대쪽에 있는 매트 위에 떨어지는 것과 같다.

그래서 활성화 에너지라는 봉우리를 넘어서 더 높은 에너지 상태로 가야만 하는 흡열 반응은 십중팔구 쉽게 일어나지 않거나 경우에 따라서는 전혀 일어나지 않는다. 예상된 양보다 훨씬 많은 열을 가해 주어야만 하고, 그 열마저도 반응이 일어나면서 계속 흡수되어 버리기 때문에 끊임없이 계속 가열해 주어야만 겨우겨우 반응이 지속된다. 철광석을 철로 환원시킬 때 용광로의 높은 온도에서 계속 가열해 주어야만 했던 이유가 바로 여기에 있다.

결국 화학 반응이 일어날 것인지 그리고 일어난다면 얼마나 빨리 쉽게 일어날 것인지를 좌우하는 가장 중요한 요인은 에너지 경로상에서 만나게 되는 활성화 에너지라는 봉우리의 높이였다. 실현 불가능한 대부분의 화학 반응들은 바로 이 봉우리가 너무나 높았던 데에 그 이유가 있다.

예를 들어 흑연이 더 낮은 에너지 상태에 있는 안정한 물질임에도 불구하고 다이아몬드가 흑연으로 변질되지 않는 이유는 역시 활성화 에너지에 있다. 다이아몬드가 흑연으로 바뀌기 위해 거쳐 가야 하는 에너지 경로의 중간에 엄청나게 높은 활성화 에너지의 봉우리가 솟아 있기 때문이다. 마치 한라산 백록담에 고여 있는 물처럼 다이아몬드는 활성화 에너지의 둑에 가로막혀서 그 자리에 그대로 멈추어 있었던 것이다.

따라서 화학 반응을 억지로 일어나게 하려면 거치적거리지 않게끔 이 둑을 허물어서 그 높이를 낮추면 된다. 이처럼 활성화 에너지의 크기를 줄여서 화학 반응이 더 빠르게 일어나도록 해 주는 물질을 '촉매'라고 부른다.

이제 남은 문제는 적당한 촉매를 찾는 것이었다. 마치 브란트를 비롯한 1600년대의 연금술사들이 물질 세계의 신비를 캐내는 과정에서 그랬던 것처럼 초기의 화학자들이 촉매를 찾는 오랜 작업도 그야말로 시행착오와 실패의 연속이었다. 하지만 제대로 된 촉매를 찾기만 하면 복권 당첨과 같은 대박을 터뜨리는 경우가 많았다. 땔감을 태워서 가열하던 과거의 방식으로는 도저히 일어나게 할 수 없었던 화학 반응을 촉매를 사용하여 아주 쉽게 실현할 수 있었기 때문이다.

이걸 언제 넘어가!!
으윽! 너무 높아!
활성화 에너지
활성화 에너지가 낮아졌어!
촉매
예이!!!
금세 화학 반응을 일으켰어!!

결국 촉매는 근현대의 거대한 화학 산업을 일으키는 데 있어서 결정적인 역할을 했다. 현재 대량 생산되는 주요 화학 물질의 약 90퍼센트 정도가 촉매를 사용하는 생산 공정을 통해 만들어지고 있다. 그러다 보니 오늘날 우리가 일상적으로 사용하는 생활용품들은 촉매 덕분에 가능해진 화학 반응을 통해서 만들어진 것들이 대부분이다. 촉매의 사용이 우리 인류의 삶에 얼마나 큰 영향을 미치고 있는지를 가늠할 수 있다.

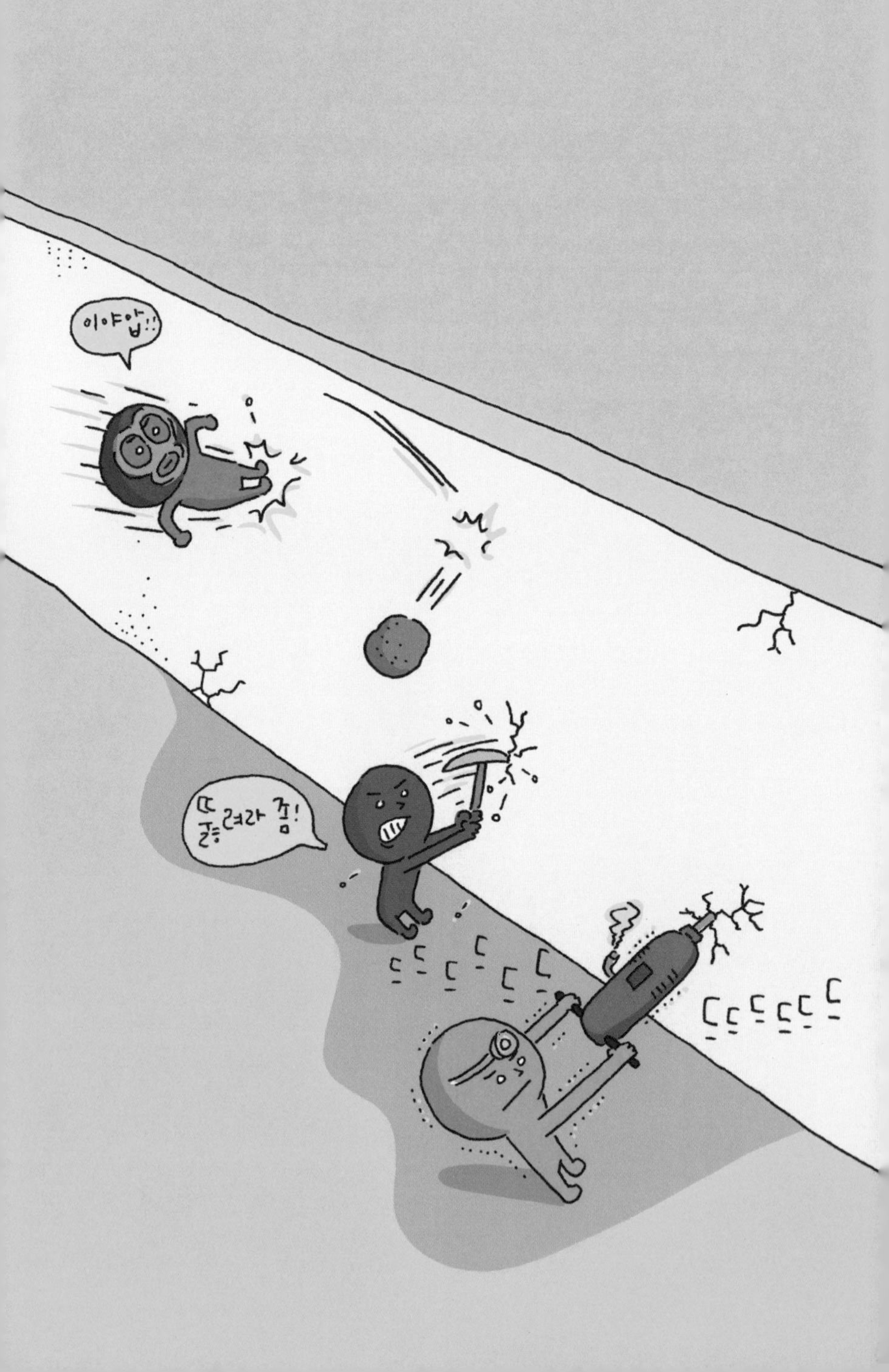
이야압!!
뚫려라 좀!
ㄷㄷㄷㄷㄷㄷ
ㄷㄷㄷㄷㄷㄷ

05

거대한 둑을 촉매로 무너뜨리다

촉매를 사용하여 화학 비료를 만들다

촉매를 사용하여 불가능을 가능으로 바꾼, 역사적으로 가장 주목받는 사건은 바로 독일의 화학자인 프리츠 하버(Fritz Haber)가 공기 중의 질소(N_2)로부터 암모니아(NH_3)를 대량으로 합성해 낸 사례이다.

산업 혁명이 촉발되면서 1800년대 후반의 유럽은 급격한 사회 변화를 겪게 된다. 증기 기관으로 작동되는 기계들이 사람과 가축의 노동을 대신하면서 생산성이 크게 향상되었고, 그 결과 경제 규모가 팽창하면서 인구가 빠르게 증가했다. 인구의 증가와 함께 이들이 먹을 식량의 공급도 늘어나야 했지만 생산량이 그렇게 쉽게 따라 주지를 못했다. 식량 증산의 가장 중요한 요인이 되는 농사를 짓는 데 필요한 비료가 원활하게 공급되지 않았기 때문이다.

식물이 제대로 성장하려면 질소(N), 인(P) 그리고 칼륨(K)이라는 세 가지 원소가 충분히 공급되어야 한다. 그래서 이 세 원소를 '비료의 3요소'라고 한다. 이 중에 어느 한 가지라도 모자라면 식물은 성장을 멈춘다. 특히 사람이 먹는 곡물을 경작할 경우에는 단백질을 만들 때 필요한 질소를 충분히 공급해 주어야 수확을 많이 할 수 있다.

그런데 인구가 빠르게 증가하고 곡물의 소비가 급격하게 늘어나자 유럽은 심각한 비료의 부족에 시달리게 되었다. 이를 보충하기 위해서 남미의 페루로부터 '구아노'라고 하는 오랜 세월에 걸쳐 해안가에 쌓여 있던 물새의 똥을 대량으로 수입하여 천연 비료로 사용하였다. 구아노를 수출하여 벌어들이는 수익이 얼마나 짭짤했던지 이 새똥을 사이에 두고 이웃한 국가인 칠레와 페루가 치열한 전쟁을 치르기까지 했다.

결국 얼마 가지 않아서 구아노는 고갈되었고 유럽은 이를 대신하여 칠레로부터 '칠레 초석'이라고 불리는 질산나트륨($NaNO_3$)을 수입하여 천연 비료로 사용했다. 칠레 초석은 농사를 짓는 데 사용된 비료이기도 했지만 총알과 포탄에 들어가는 화약을 만드는 데 필요한 원재료이기도 했다.

당시의 유럽에 있어서 식량 증산을 위한 비료의 공급은 사실상

생존 문제였다. 하지만 구아노가 그랬던 것처럼 칠레 초석도 머지 않아 고갈될 것은 너무도 자명했다. 자연에 있는 상태 그대로의 물질 중에서는 더 이상 천연 비료를 대체할 마땅한 대안이 없었다. 문제를 해결할 유일한 방법은 화학 반응을 통해서 비료를 인공으로 만들어 내는 것뿐이었다. 결국 팔을 걷어붙이고 이 문제를 해결하기 위하여 연구에 돌입한 사람들은 바로 화학자들이었다.

독일의 카를스루에 대학 화학과 교수이던 하버는 기체 상태의 질소(N_2)와 수소(H_2)를 섞은 후에 높은 온도에서 반응시키면 아주 적은 양이나마 암모니아(NH_3)가 만들어진다는 사실을 이미 알고 있었다. 하지만 만들어지는 양이 터무니없이 적어서 비료로 사용한다는 것은 생각할 수 없었다. 하버는 암모니아가 잘 만들어지지 않는 이유가 에너지 경로상에 솟아 있는 아주 높은 활성화 에너지의 봉우리가 화학 반응을 가로막고 있기 때문이라는 것을 간파했다.

"만약 나의 추측이 맞다면 활성화 에너지의 둑을 허물어뜨릴 수 있는 촉매를 넣어 주면 화학 반응이 빨라져서 더 많은 암모니아가 만들어질 것이 분명해!"

이렇게 확신한 하버는 시행착오와 실패를 거듭하면서 적당한 촉매를 찾기 위한 실험에 몰두했다. 근 15년이라는 긴 세월 동안 암모니아 합성을 위한 실험에 집요하게 매달렸던 하버는 마침내

1909년에 철(Fe)을 촉매로 사용하여 질소와 수소로부터 상당량의 암모니아를 합성하는 데 성공했다.

실험실에서 소규모로 개발되었던 하버의 암모니아 합성 방법은 이후 독일의 화학 회사인 바스프(BASF)사의 화학자인 카를 보슈(Carl Bosch)에 의해서 대규모의 산업 공정으로 발전되어 1913년에는 하루에 20톤이 넘는 액체 암모니아를 합성하게 된다. 인류 역사상 최초로 화학 비료가 공장에서 대량으로 생산되기 시작한 것이다.

이렇게 생산된 암모니아는 아이러니하게도 식량 증산을 위한 화학 비료로 쓰이는 대신 곧바로 전쟁을 위한 화약을 제조하는 데 사용되었다. 바스프사에 의해 암모니아의 대량 생산이 시작된 이듬해인 1914년, 독일의 선제공격으로 제1차 세계 대전이 일어났기 때문이다. 전쟁이 발발하자 연합국은 당시에 화약의 주원료였던 칠레 초석이 독일로 수출되는 길을 막아 버렸다. 화약이 떨어져서 독일이 더 이상 전쟁을 이어갈 수 없게 만들려는 전략이었다.

그러나 칠레 초석 대신 대량으로 자체 생산한 암모니아를 화약 제조에 사용할 수 있게 되면서 독일군은 오히려 더 많은 총알과 포탄을 공급받게 되었다. 참호를 지키는 방어에 치중하며 교착 상태에 빠진 제1차 세계 대전이 무려 4년 반이라는 긴 시간을 끌게 된 이면에는 '하버-보슈 공정'을 통해 생산된 암모니아 덕분에 넘

아이고 힘들다
활성화 에너지
고작 이만큼…
Fritz Haber
Fe
Fe
대량 생산이 가능해졌어!!

쳐나듯 공급되었던 화약이 큰 몫을 했다.

제1차 세계 대전은 1918년에 막을 내렸지만 세계는 더 큰 대결을 남겨 두고 사실상 휴전에 들어간 것이나 다름없었다. 1939년에 이어진 제2차 세계 대전으로 전 세계는 전쟁의 소용돌이에 휘말렸고, 화약의 폭발력이 초래한 대량 파괴의 모습은 정말 끔찍했다. 원래는 자연에서 일어나는 것이 불가능했던 화학 반응을 촉매를 사용하여 가능하게 만든 사건이 없었더라면 이 두 차례 전쟁이 빚어낸 파괴의 양상은 아마도 사뭇 달랐을 것이다.

제2차 세계 대전이 1945년에 끝나고 인류는 전쟁을 위해 동원했던 모든 지식과 기술을 이번에는 경제 발전을 위해 쏟아붓기 시작했다. 유럽에서 1800년대 중반에 전개되었던 상황이 이제는 전 세계의 무대에서 다시 재현되기 시작했다. 경제 규모가 급격하게 팽창하였고 인구는 빠른 속도로 늘어났다. 기하급수적으로 늘어난 세계 인구는 2011년에 70억이라는 경이로운 수로까지 불어났다. 개인의 생활 수준도 크게 향상되면서 소비하는 물자와 식량의 양도 엄청나게 늘어났다. 그럼에도 불구하고 200년 전의 유럽에서와는 달리 전 세계적인 식량 부족 사태는 일어나지 않았다. 그때와는 한 가지 점에서 큰 차이가 있었기 때문이다. 그것은 바로 식량 증산에 필요한 암모니아의 대량 생산이 이제는 가능하다는 사실이었다. 하버라는 화학자의 집요한 실험이 가져온 변화다. 현재

하버-보슈 공정을 통해서 생산되는 암모니아의 양은 2010년을 기준으로 무려 1억 6,000만 톤에 이르고 그 대부분이 식량 생산을 위한 비료를 만드는 데 사용되고 있다.

"물질 세계와 에너지 세계에 대한 화학적인 이해가 없었더라도 과연 인류의 문명은 지금과 같은 모습으로 발전했을까?"

화학자 하버의 작은 발견이 인류 문명의 발달사에 끼친 막대한 영향은 매우 역설적인 결과로 우리에게 다가온다. 마치 두 얼굴을 가진 야누스처럼 전쟁의 끔찍한 파괴를 이끌었던 화학 기술이 이제는 인류의 발전과 번영을 위해서 없어서는 안 되는 핵심 기술이 되어 있다. 마치 양날의 칼과 같다. 그러나 그 칼이 어떤 방향으로 사용되었건 한 가지 사실은 확실했다. 어찌 보면 별 것 아닌 것처럼 보이는 촉매에 대한 작은 화학적 지식이 없었더라면 두 번에 걸쳐 일어났던 끔찍한 전쟁도, 그 이후에 이어진 인류의 엄청난 번영도 결코 가능하지 않았으리라는 사실이다.

석유가 필요해!

육체노동이라는 관점에서 보면 1800년대 중반의 산업 혁명은 인류 문명의 발달사에 한 획을 그은 중대한 전환점이었다. 그동안 사람이나 가축의 힘을 빌려서 해 왔던 노동을 증기 기관이라는 기계가 대신했기 때문이다. 그런데 기계가 일을 대신하면서 갑자기 중요한 이슈가 떠올랐다. 그것은 기계에 바로 어떤 형태의 에너지원을 공급할 것인가 하는 문제였다.

증기 기관을 사용했던 산업 혁명 초기에는 보일러의 물을 끓이기 위해 장작이나 석탄 같은 고체 연료가 사용되었다. 그러나 얼마 가지 않아 독일의 발명가인 벤츠와 디젤이 내연 기관을 발명하였고, 독일의 사업가인 다임러와 마이바흐에 의해 이 엔진을 부착

한 보트, 오토바이, 자동차 등 온갖 교통수단들이 보급되기 시작했다. 이때부터 내연 기관에서 태울 액체 연료에 대한 수요가 빠르게 늘어났다.

인류가 액체 연료를 본격적으로 사용한 역사는 기껏해야 100여 년밖에 되지 않는다. 아주 오랜 세월 동안 인류는 주로 장작, 숯, 석탄 같은 고체 연료를 사용해 왔고 그나마 쓰이던 액체 연료는 등불을 켜기 위한 고래기름이 고작이었다. 별달리 수요가 없다 보니 원유는 18세기까지만 해도 사실상 사람들에게 천대받는 쓸모없는 물질이나 다름없었다. 그러나 19세기에 들어와 액체 연료에 대한 수요가 서서히 늘어나면서 마침내 사람들은 액체 상태의 에너지 자원에도 눈을 돌리기 시작했다.

산업 혁명의 기운이 꿈틀거리기 시작한 1800년대 중반부터 여러 명의 발명가, 화학자, 사업가 들에 의해서 '등유'라는 새로운 액체 연료가 만들어져서 고래기름을 대신하여 시중에 팔리기 시작했다. 등유는 주로 두 가지의 서로 다른 천연 원료로부터 만들어졌는데 바로 석탄과 원유였다.

석탄을 낮은 온도에서 가열할 때 나오는 증기를 응축시켜서 등유를 추출해 내거나, 원유를 끓일 때 나오는 증기를 식히는 과정에서 등유를 분리해 냈다. 사람들이 스스로 만들어 낸 액체 연료로 자연에서 채취한 고래기름을 대신한 것이니 당시로서는 가히

획기적인 일이었다. 그러나 석탄이나 원유에서 등유를 뽑아내는 효율은 형편없이 낮아서 아주 적은 양밖에 공급할 수가 없었다. 그래도 액체 연료에 대한 사회적인 수요가 그리 높지 않았던 터라 등유의 생산량이 적은 것은 큰 문제가 되지 않았다.

이러한 상황이 돌변한 계기는 바로 1910년대 유럽을 휩쓸었던 제1차 세계 대전이었다. 전쟁 초기만 해도 거의 모든 운송 수단을 말과 수레에 의존했던 독일과 연합국의 양대 진영은 종전이 가까워질 무렵에는 오토바이, 자동차는 물론이고 새로 개발한 탱크까지 온갖 기계들을 전투에 투입하기 시작했다. 그 과정에서 사람들은 대규모의 전투에서 이기려면 기계에 주입하는 액체 연료가 중요한 관건이라는 사실을 깨닫게 된다.

제1차 세계 대전이 끝난 1918년부터 제2차 세계 대전이 발발한 1939년까지의 약 20년은 사실상 더 큰 규모의 전쟁을 치르기 위해서 모든 나라들이 힘을 축적하는 준비 기간이었다고 해도 과언이 아니다. 액체 연료에 대한 수요는 갈수록 빠르게 늘어났고 이를 해소할 열쇠를 찾는 작업은 매우 시급한 문제였다. 어떻게 하면 더 많은 액체 연료를 생산할 것인지의 문제를 해결하는 데 있어서 독일과 연합국 측은 전혀 다른 선택을 하게 된다.

독일은 석탄에 집착했고, 다른 나라들은 주로 원유에 관심을 쏟았다. 독일은 석탄 매장량이 많았지만 유전을 확보하지 못했던 반면 유전에 대한 권리의 대부분은 이미 미국과 영국이 선점하고 있었기 때문이다.

휘발유는 가솔린이라고도 하는데, 석유의 휘발 성분을 이루는 무색의 투명한 액체이다. 원유를 증류하거나, 증류한 후 화학 처리를 하여 얻는다. 자동차, 비행기 등의 연료나 도료, 고무 가공 따위에 쓴다.

1925년 독일의 화학자인 피셔와 트롭슈는 석탄을 수증기와 함께 뜨겁게 가열할 때 발생하는 일산화탄소(CO)와 수소(H_2) 기체로부터(이 기체를 합성 가스 'syn-gas'라고 부른다.) 여러 단계의 화학 반응을 거쳐서 기름을 생산하는 '피셔-트롭슈 공정'을 개발한다. 성공의 관건은 바로 촉매였다. 원래 큰 활성화 에너지 때문에 일어나지 않던 화학 반응이었는데 피셔와 트롭슈가 코발트(Co)나 철(Fe)을 촉매로 사용하면서 낮은 온도에서도 기름이 만들어졌던 것이다. 이 공정을 통해서 생산된 휘발유, 등유, 경유 등은 유전을 갖지 못한 독일에게는 매우 중요한 액체 연료였다.

다른 한편에서는 프랑스의 기계 공학자인 우드리가 1927년 덩치 큰 분자들을 깨뜨려서 원유를 휘발유로 바꾸어 주는 '열분해' 공정을 개발한다. 성공의 열쇠는 마찬가지로 촉매에 있었다. 원래는 매우 높은 온도와 압력이 필요하지만 우드리가 강의 하구에 쌓인 고운 흙인 알루미노실리케이트를 촉매로 사용한 덕분에 큰 덩치의 분자들이 작은 크기로 깨지는 반응이 아주 쉽게 일어났다. 촉매를 사용한 이 열분해 공정 덕분에 같은 양의 원유로부터 얻을 수 있는 휘발유의 양은 두 배로 늘어났다. 생산량이 대폭 늘어난 것도 중요했지만 무엇보다도 주목할 점은 옥탄값이 100에 가까워 이상 폭발을 일으키지 않는 아주 양질의 휘발유가 얻어졌다는 사실이었다.

제2차 세계 대전이 발발하자 독일과 연합국 양측은 모두 군사용 장비를 가동할 휘발유의 생산을 크게 늘리기 시작했다. 독일의 피셔-트롭슈 공정과 연합국의 열분해 공정 사이에 총성 없는 전쟁이 시작된 것이나 다름없었다. 전쟁이 한창 고조에 달했던 1942년에는 연합군에 제공된 휘발유의 90퍼센트가 열분해 공정을 통해서 생산되었고 적국인 독일마저도 이 휘발유를 제3국을 통해서 수입해 가기에 이르렀다.

놀랍게도 이 두 공정의 승패는 생산된 휘발유의 질에서 갈렸다. 그 이유는 당시의 전투기들이 제 성능을 내려면 옥탄값이 100인 양질의 휘발유를 필요로 했기 때문이다. 양질의 휘발유에서 나오는 폭발적인 힘은 전투기의 성능을 크게 향상시켰다. 앞선 기술로 제조되었음에도 불구하고 독일 전투기들은 질이 떨어지는 휘발유 때문에 양질의 휘발유를 주입한 연합군 전투기들에게 맥없이 제공권을 내주고 말았다. 공군력을 상실한 독일의 전력은 급격하게 약화되면서 결국 패망의 길로 들어섰다.

우드리가 촉매를 사용하여 개발한 열분해 공정의 활약은 여기

큰 분자를
촉매를 이용해
작게 쪼개면!
Eugene Houdry
전투 준비 완료!!
US
천연고무를
대체할 수
있게 됐어!
부타디엔-스티렌 고무

에서 끝나지 않았다. 유럽에서 독일이 제공권을 상실해 갈 즈음 지구의 반대쪽에서는 독일의 동맹국이었던 일본이 군대를 동남아시아로 보내 고무나무 농장들을 점령하고 연합국에 천연고무가 공급되는 보급로를 전면 차단했다. 당시에 천연고무는 자동차와 항공기의 타이어뿐 아니라 군사용 장비의 온갖 부속품을 만드는 데 필요한 매우 중요한 원재료였다.

천연고무의 공급이 끊긴 연합국은 미국의 화학자들을 중심으로 인조 고무를 합성하는 화학 공정의 개발에 박차를 가했다. 해결의 실마리는 역시 촉매에 있었다. 촉매를 활용하여 휘발유를 만들어 내는 과정에서 부산물로 얻어졌던 '부타디엔'이라는 화합물을 이용하여 '부타디엔-스티렌'이라는 인조 고무를 생산하여 군수품 공장에 대량으로 공급하기 시작한 것이었다. 전쟁의 승패를 좌우할 결정적인 시기에 연합군은 양질의 휘발유와 인조 고무 덕분에 큰 차질 없이 충분한 양의 군수품을 공급받았다.

제2차 세계 대전이 발발했던 1930년대 말까지만 해도 대부분의 군수품들은 자연에서 채취한 천연 물질을 이용하여 만들어졌다. 그러나 1940년대 초 전쟁의 규모가 확대되면서 자연에서 얻는 천연 물질만으로는 빠르게 늘어나는 원자재의 수요를 충당할 수가 없었다. 전쟁에 참전한 양대 진영은 어느 쪽이 더 많은 군수품을 조달하느냐에 사활을 걸었지만 시간이 지날수록 원자재의 부족은 더욱 심각해졌다.

외교적인 노력, 지휘관의 전략, 군인들의 전투 능력 등 전쟁에서의 승패를 좌우하는 여러 요인들이 있었지만 제2차 세계 대전의 결말을 결정적으로 좌우한 관건은 충분한 물자의 공급이었다. 결국 천연 물질을 대체할 각종 합성 재료들을 화학 반응을 통해 대량으로 생산해 내는 데 성공한 연합국 측이 승리의 깃발을 먼저 뽑아 들었다. 아이러니하게도 전투의 전면에는 그 모습을 전혀 드러내지 않은 채 실험에 집요하게 매달렸던 화학자들이 전쟁을 승리로 이끄는 데 사실상 큰 역할을 한 것이다.

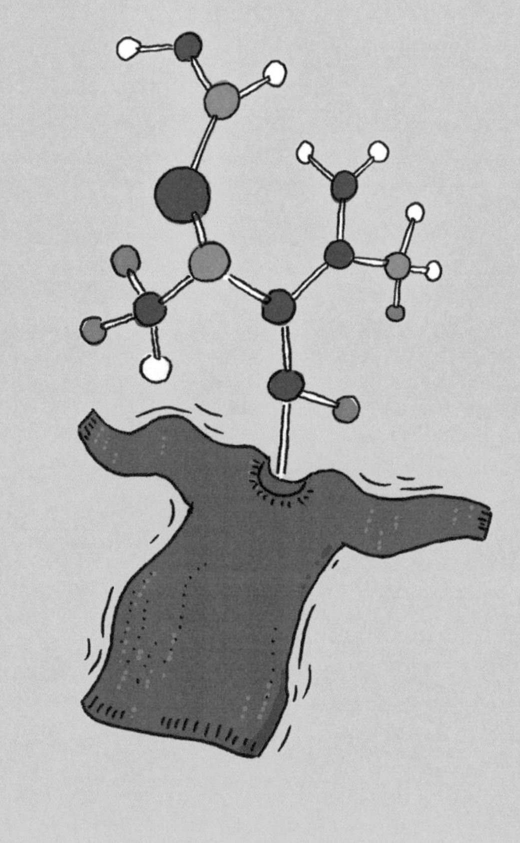

무엇이든
만들어 주마!

06

세상 모든 물질을 재현하다

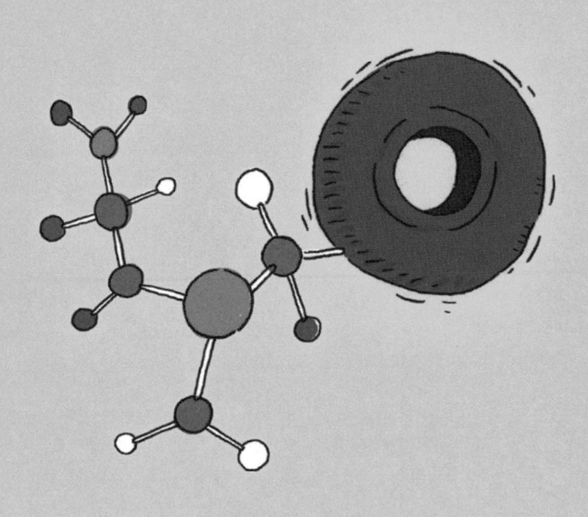

분자의 세계에 눈을 뜨다

화학 반응을 가로막던 활성화 에너지의 둑을 촉매를 써서 쉽게 무너뜨릴 수 있다는 사실을 깨달은 화학자들은 인류가 그토록 오랫동안 추구해 왔던 "무엇이든 내가 원하는 대로 만들어 보겠다."는 원대한 목표에 성큼 다가가 있었다.

1900년대로 들어서면서 촉매를 적용한 화학 반응들이 하나둘 소개되기 시작했고, 양차 세계 대전의 종식을 계기로 그동안 불가능하다고 여겨졌던 온갖 종류의 새로운 화학 반응들이 마치 봇물이 터진 듯 실현되기 시작했다. 특히 눈길을 끄는 것은 이때부터 분자라는 개념을 본격적으로 화학 반응에 활용하기 시작했다는 사실이다.

청동기와 철기 시대까지만 해도 연금술사들은 구리(Cu)나 철(Fe)과 같이 주로 원자에 관련된 화학 반응만 다루었다. 그러나 물질과 에너지 세계에 대한 화학적 지식이 급속하게 팽창하기 시작한 1900년대를 계기로 마침내 화학자들은 분자 수준에서 화학 반응을 제어하는 데 눈을 뜨기 시작했다. 특히 우드리가 개발한 원유에 대한 열분해 공정은 화학자들에게 수많은 종류의 새로운 분자들을 잔뜩 안겨 주는 결과를 가져왔다.

열분해 공정의 핵심은 원유에 포함되어 있는 사슬 형태의 매우 길고 덩치가 큰 분자들을 촉매를 이용하여 짧은 길이로 잘게 깨뜨려 놓는 것이었다. 그런데 이 과정에서 원래 얻고자 했던 휘발유뿐 아니라 다른 여러 종류의 작은 분자들도 덩달아 만들어졌다. 원래 휘발유를 얻는 것이 목적이다 보니 처음에는 이들 작은 분자들을 단순히 불필요한 부산물로만 여겼다. 하지만 얼마 지나지 않아 화학자들은 이 부산물들이야말로 진정 가치가 높은 물질이라는 사실을 깨닫게 된다. 이들 작은 분자들은 온갖 기발한 화학 반응들을 실현할 수 있는 원재료였기 때문이다.

원유로부터 액체 연료를 추출하고 남은 부산물들은 화학자들에게 마치 가지고 놀 장난감이나 마찬가지였다. 이는 집을 짓는 건축가에게 창틀, 문짝, 서까래, 기와 등과 같은 온갖 모양의 크고 작은 자재들을 공급해 준 것과 같았다. 단지 건축과의 차이점은 이들 기본 구조물에 해당하는 분자들이 너무도 작아서 눈에 보이지 않는다는 것뿐이었다.

그러나 이 문제도 1900년대 이후에 분자 세계까지도 들여다볼 수 있는 각종 분석 기기들이 개발되면서 빠른 속도로 해결되었다. 중세의 연금술사나 초기의 화학자들은 꿈도 꾸어 보지 못한 상황이었다. 마침내 20세기의 화학자들은 눈에 보이지도 않는 아주 작은 분자들을 기본 벽체로 사용하여 자신이 원하는 멋진 모양의 집을 지을 수 있게 된 것이다.

남은 문제는 주어진 분자들을 어떠한 방식으로 서로 연결하느냐 하는 것이었다. 건축으로 치면 벽체와 벽체를 용접한다든지 아니면 벽체의 모서리들을 서로 맞물려서 볼트와 너트로 조여 주는 등의 조립의 핵심 공정에 해당된다. 그런데 중요한 것은 이 과정에서 벽체의 원래 모양을 망가뜨려서는 안 된다는 점이었다.

원유의 열분해 과정에서 얻어진 새로운 분자들은 하버-보슈 공정이나 피셔-트롭슈 공정에서 사용되었던 질소(N_2)나 수소(H_2), 혹은 일산화탄소(CO)와 같은 간단한 분자들과는 달리 매우 복잡한 구조를 가지고 있는 데다가 덩치도 훨씬 컸다. 이런 분자들을 단순히 높은 온도로 가열한다든지 촉매를 사용하여 깨뜨리게 되면 분자 그 자체가 무차별적으로 망가뜨려지기 일쑤였다. 따라서 분자의 원래 모양은 건드리지 않고 그대로 둔 채, 연결하고자 하는 특정 부위에서만 화학 반응이 일어나도록 할 묘책이 필요했다.

이를 위해서 고안된 새로운 개념이 바로 '작용기'를 사용하는 방법이었다. 분자에 반응성이 강한 작용기를 붙여 놓고 그 부위에서만 화학 반응이 일어나도록 하는 방식이다. 이는 마치 민간인과 적군이 뒤섞여 있는 분자라는 막사에 특수 요원을 투입하여 적군에게만 작용기라는 폭약을 붙여 놓고 빠져나오는 것과 같은 원리였다. 촉매를 쓰거나 가열을 해서 미리 붙여 놓았던 폭약을 터뜨리면 적군만 선택적으로 깨뜨리고 민간인은 그대로 남게 되는 것이었다. 이 방식으로 화학 반응을 일으키면 작용기를 붙이지 않은 부분은 원래대로 남고 깨진 부분을 통해서만 분자와 분자를 서로 연결할 수 있게 된다. 마침내 분자 수준에서 벽체와 벽체를 쌓아가면서 집을 지을 수 있는 마땅한 연결 방식을 찾은 것이었다.

작용기를 사용하면 분자의 원래 모양은 그대로 둔 채 특정한 부위에서만 화학 반응이 일어나도록 할 수 있었다. 당시로서는 가히 혁신적이라 할 수 있는 기발한 방식이었다. 더구나 아주 적은 에너지로, 그것도 선택적으로 작용기의 화학 반응을 일으킬 수 있었기 때문에 실온에 가까운 매우 낮은 온도에서도 자신이 원하는 화학 반응을 구현할 수 있었다. 지난 수천 년 동안 '변질'을 추구해 왔던 인류가 단순히 높은 온도에서 가열하는 방식으로는 더 이상 넘을 수 없었던 온도의 한계를 마침내 허물어뜨린 것이었다. 촉매

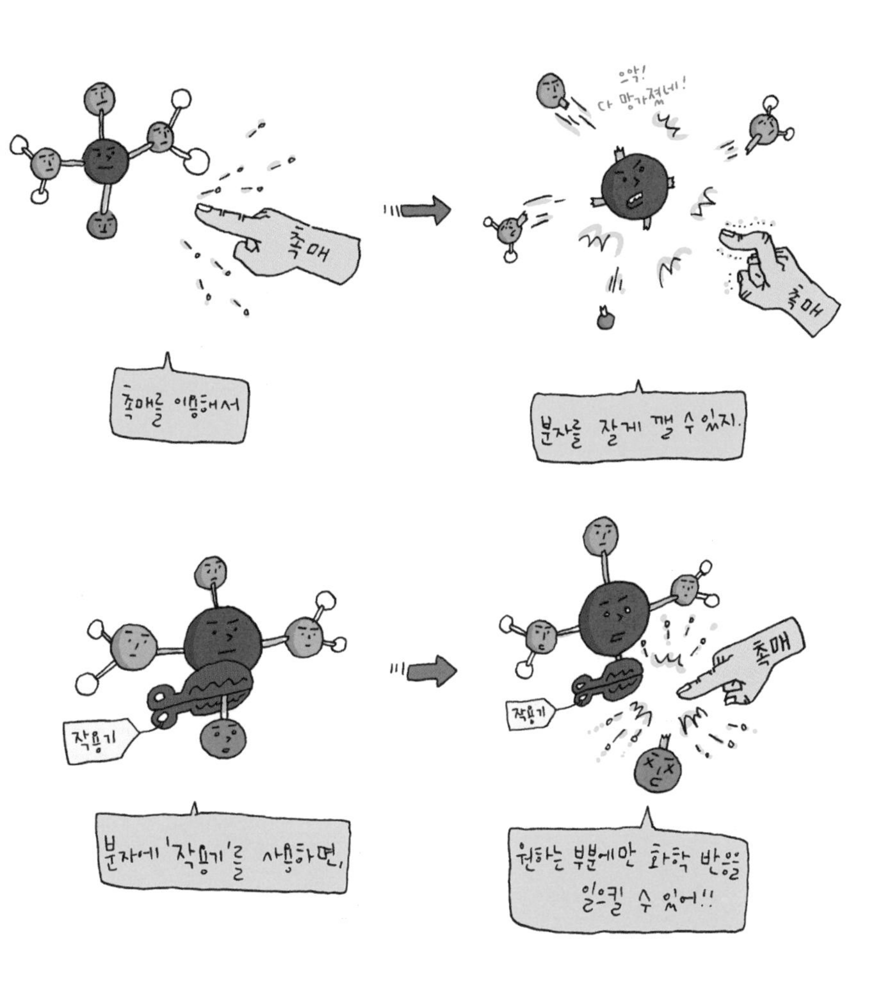

촉매
으악!
다 망가졌네!
촉매
촉매를 이용해서
분자를 잘게 깰 수 있지.
작용기
분자에 '작용기'를 사용하면,
촉매
작용기
원하는 부분에만 화학 반응을
일으킬 수 있어!!

와 작용기라는 새로운 화학적 지식으로 인해 그동안 화학자들을 가로막고 있던 장벽의 일부분이 터져 나간 것이나 마찬가지였다.

"이 세상에 재현하지 못할 화학 반응은 없다. 이제 우리에게 필요한 것은 새로운 것들에 대한 상상력이요, 상상을 실현하는 데 요구되는 집요함이다."

마침내 근현대의 화학자들은 마치 나폴레옹이 그러했던 것처럼 자신의 사전에는 불가능이란 없다는 확고한 자신감을 가지기 시작했다.

세상을
바꾼
고분자 물질

화학 반응을 분자 수준에서 제어할 수 있게 되면서 화학자들이 가장 먼저 시도한 것은 작은 분자들을 계속 붙여 나가는 방식으로 분자의 덩치를 키워서 새로운 물질을 만들어 내는 것이었다. 이는 무수히 많은 작은 벽체들을 서로 연결하여 아주 커다란 집을 짓는 것에 비유할 수 있다. '중합 반응'이라고 부르는 이러한 새로운 합성 방식의 개발은 많은 종류의 인조 재료들을 만들어 내는 결과로 이어졌다. 그렇게 만들어진 새로운 물질을 '고분자 물질'이라고 하는데, 오늘날 우리가 흔히 사용하는 플라스틱, 합성 섬유, 합성 고무가 그 대표적인 예이다.

작은 분자들을 연결하여 플라스틱을 만들어 낸 첫 번째 사례는 1907년에 미국의 화학자 베이클랜드가 석탄을 가열하면 나오는 끈적끈적한 액체인 '콜타르'에서 추출한 페놀(C_6H_5OH)이라는 분자를 이용하여 만들어 낸 '베이클라이트'였다. 이 새로운 물질은 매우 딱딱하고 열에 강했으며 전기가 통하지 않는 데다 놀랍게도 형틀에 넣고 눌러서 원하는 모양을 자유자재로 만들 수 있었다. 쉽게 말해서 공장에서 특정한 모양의 플라스틱 제품을 대량으로 찍어 내는 것이 가능해진 것이다.

이후 베이클라이트는 전화나 라디오의 몸통, 냄비와 주전자의 손잡이, 아이들의 장난감, 총과 칼의 손잡이, 전기용품의 절연체 등 온갖 제품을 만드는 데 사용되면서 빠른 속도로 사람들의 일상생활 속으로 파고들어 갔다.

제1차 세계 대전이 끝난 1918년부터 제2차 세계 대전이 발발한 1939년까지의 20여 년은 분자를 다루는 화학자들의 기술이 일취월장한 도약의 기간이었다. 이 시기에 수많은 종류의 새로운 물질들이 속속 개발되었는데, 그중에서도 가장 눈길을 사로잡은 것은 다름 아닌 플라스틱이었다. 현재 우리가 사용하고 있는 각종 플라스틱 재료들은 이 기간 중에 개발되어 세상에 소개된 것들이 대부분이다. 플렉시글라스, PVC로 불리는 폴리염화 비닐, 스티로폼, 테플론, PET로 더 잘 알려진 폴리에스테르, 오늘날 플라스틱 중에 가장 많이 쓰이는 폴리에틸렌, 나일론 등.

이 시기에 개발된 플라스틱 재료들은 아직도 우리가 손만 뻗치면 닿는 곳에서 각종 형태의 제품으로 사용되고 있다. 특히 이들 플라스틱은 얇은 실의 형태로 뽑아내기도 쉬워서 인조 섬유를 직조하는 데에도 본격적으로 사용되기 시작했다. 인조 섬유를 만드는 데 처음 사용되었던 나일론이라는 플라스틱은 1940년에 굉장한 사회적인 반향까지 일으켰다. 나일론 실로 만든 스타킹이 미국의 시장에 선보인 첫날에만 무려 78만 개 가까이 불티나듯 팔려 나갔던 것이다.

제2차 세계 대전이 발발하자 이들 플라스틱 재료들은 전쟁을 승리로 이끄는 데 없어서는 안 되는 아주 중요한 원재료로 급부상하게 된다. 레이더와 각종 민감한 전자 장비에 들어가는 전선의 피복, 전투기와 폭격기의 투명 창, 가볍고 튼튼한 낙하산과 견인줄 등 기존의 천연 재료로는 흉내 내기 힘든 아주 유용하고도 특수한 용도를 가진 제품을 만드는 데 플라스틱이 적극적으로 사용되기 시작했다.

제2차 세계 대전 중에는 공급이 끊긴 천연고무를 대체하기 위해서 합성 고무가 대량으로 생산되었다. 합성 고무 역시 플라스틱을 만들 때와 마찬가지의 원리로 작용기의 개념을 적용하여 수많은 개수의 분자들을 길게 연결하여 만들어 낸 작품이었다.

양차 세계 대전이 종식된 후에도 덩치 큰 분자를 만들어 내려

2차 세계 대전 이전
섬유
가죽
고무
2차 세계 대전 이후
합성 물질
합성 물질
합성 물질
합성 물질
합성 물질
합성 물질
합성 물질
합성 물질

는 화학자들의 실험은 계속 이어져서 폴리우레탄이나 폴리카보네이트와 같은 새로운 종류의 고분자 물질이 속속 등장했다. 사람들은 이들 고분자 물질을 원재료로 사용하여 온갖 다른 형태의 인조 재료들을 만들기 시작했다. 가는 실로 뽑고 얇은 필름으로 펼쳐 내고 거품을 불어 넣어 스펀지로 만들었다. 또 형틀을 이용하여 온갖 다른 모양의 자재와 부속품을 만드는 것은 물론이고 재료의 밀도나 강도, 심지어는 광학 성질과 전기적 성질까지도 마음대로 조절하여 사용하기에 이르렀다.

고분자 물질은 분자량이 대략 1만 이상인 화합물을 통틀어 이르는 말이다. 흔히 한 가지 또는 몇 가지의 단위체가 길게 연결된 화합물로서 녹말 · 섬유소 · 단백질 · 고무 따위의 천연 물질과 합성 고무 · 합성 섬유 · 합성수지 따위의 인공 제품이 있다.

지난 수천 년이라는 오랜 기간 동안 인류는 자연에서 채취한 천연 물질을 사용해 왔다. 기본적인 의식주는 물론이고 일상생활에서 아주 자질구레한 용도로 사용되는 거의 모든 물건들을 자연에서 채취한 물질을 그대로 이용하여 만들었다. 인공적으로 만들어 낸 재료라고 해 보아야 기껏해야 청동, 쇠, 유리, 도자기가 고작이었다.

그런데 오늘날 우리가 사는 모습을 살펴보면 합성 섬유, 인조가죽, 합성 고무 그리고 온갖 종류의 플라스틱 등 화학 반응을 통해서 인공적으로 만들어 낸 고분자 물질이 거의 모든 곳에서 천연 재료를 대신하여 사용되고 있다는 사실을 알 수 있다. 재료라는 관점에서 보면 이는 가히 혁명적인 변화라고 할 수 있다. 산업혁명 이후 약 백 년이라는 아주 짧은 세월 동안에 사람들의 생활상이 전혀 딴판으로 바뀌어 버렸다. 눈에 보이지도 않는 작은 분자의 세계를 건드린 화학자들의 작은 행동이 이 거대한 세상을 다 바꾸어 버린 엄청난 결과를 초래한 것이다.

천연 물질을 합성 물질로 대체하다

생명체가 만들어 내는 유기물은 모두 탄소(C)를 주성분으로 하는 '분자'로 이루어져 있다. 이들 분자들은 여러 개의 탄소들이 연결된 사슬이나 고리 모양의 기본 골격을 가지는데 탄소의 개수에 따라 분자의 크기도 달라진다.

각종 스테로이드와 호르몬, 여러 가지 비타민 그리고 동식물이나 미생물이 만들어 내는 수많은 종류의 천연 물질들은 모두 유기물 중에서도 비교적 덩치가 작은 분자들이다. 동식물의 몸을 구성하는 탄수화물, 단백질, 지질 등은 유기물 중에서도 덩치가 아주 큰 거대 분자에 해당한다. 이들 거대 분자들은 모두 천연에서 만들어진 고분자 물질이다.

양차 세계 대전을 전후하여 목재, 섬유, 가죽, 고무와 같은 천연 재료들을 대체할 여러 가지 합성 고분자 물질을 만들어 내는 데 성공한 화학자들은 그 과정에서 분자의 개념을 제대로 이해하는 것이 얼마나 중요한지를 깨닫기 시작했다. 화학자들이 마침내 분자의 세계에 눈을 뜬 것이었다. 특히 1900년대 이후에 여러 가지의 분광학적 분석 방법들이 개발된 것이 큰 도움이 되었다. 화학자로 하여금 맨눈으로는 보이지 않았던 분자의 세계를 훤히 들여다볼 수 있게 해 주었다.

영국의 여성 생화학자였던 도러시 호지킨이 X선 회절 분광법이라는 분석 방법을 이용하여 페니실린, 비타민 B12, 그리고 인슐린의 구조를 밝혀내기에 이른다. 그리하여 1950년대부터는 덩치가 작은 분자는 물론이고 상당한 크기를 갖는 거대 분자의 구조까지도 비교적 정확히 알아낼 수 있게 되었다.

이는 마치 어떤 건축가가 오래된 고대 건축물을 세밀하게 들여다본 후에 그 설계도를 면밀하게 그릴 수 있게 된 것이나 마찬가지였다. 설계도는 그 건축물의 용도와 특성을 파악하는 결정적인 단서를 제공해 줄 뿐만 아니라 해당 건축물을 복사판으로 재현하는 데 있어서도 매우 중요한 밑그림으로 쓰인다. 분자에 대해서도 똑같은 원리가 적용된다. 여러 가지 분광학적 분석 방법을 통해서 밝혀낸 분자의 구조는 그 물질에 대한 일종의 설계도와 다름없다. 분

다양한
분자들이 있으니
마음껏 조합해서
어떤 합성 물질이든
만들 수 있겠어!

자의 정확한 구조를 토대로 그 물질이 나타내는 특성을 제대로 이해하고 이를 어떤 용도로 어떻게 활용할 수 있을지를 판단하게 된다. 여기에서 한 걸음 더 나아가 그 물질과 똑같거나 비슷한 분자를 만들어야 할 경우에는 밝혀낸 분자의 구조를 밑그림으로 삼아 새로운 물질을 합성하려는 화학자들의 집요한 실험이 이어진다.

유기물의 합성 과정은 적절한 순서에 따라서 미리 준비해 둔 작은 분자들을 서로 조립하여 덩치가 큰 분자를 만들어 내는 방식으로 이루어진다. 마치 건축가가 설계도를 펼쳐 놓고 미리 준비해 놓았던 작은 벽체들을 이어서 집을 짓는 것과 같다. 따라서 다양하고 많은 종류의 작은 벽체들, 다시 말해 작은 분자들을 미리 확보하는 것이 성공의 관건을 좌우하는 아주 중요한 요인이 된다. 사전에 크고 작은 여러 다른 모양의 분자들을 최대한 많이 확보해 놓을수록 설계도에 따라 자신이 원하는 새로운 유기물을 합성하기가 훨씬 수월해진다. 그런데 이러한 작은 유기물 분자들을 잔뜩 쌓아 놓은 보물 창고가 있었으니 그것이 바로 원유였다.

우드리가 1927년에 개발한 원유의 열분해 공정은 그야말로 바닷속에 잠겨 있던 엄청난 보물선을 건져 올린, 어쩌면 화학 역사상 가장 주목해야 할 행운의 사건이었는지도 모른다. 원유를 구성하고 있던 긴 사슬 모양의 분자들을 잘게 잘라 내는 과정에서 수많은 종류의 크고 작은 유기물 분자들이 만들어졌기 때문이다.

바로 건축물을 짓는 데 필요한 온갖 다양한 모양의 벽체들이었다.

현재 시그마 알드리치라는 시약 회사가 세계 각국의 화학 실험실에 공급하는 유기물 분자의 종류가 80만 가지에 이른다. 이 사실을 보면 오늘날의 화학자들이 새로운 집을 짓는 데 얼마나 많은 종류의 벽체들을 사용하고 있는지를 알 수 있다. 이 엄청난 가짓수만 보더라도 새로운 유기물을 합성하기 위한 화학자들의 실험이 그동안 얼마나 방대한 규모로 진행되어 왔는지를 쉽게 엿볼 수 있다. 그 결과 수많은 종류의 합성 물질들이 만들어졌고 이제는 자연에서 얻는 유용한 천연 물질의 대부분을 합성 물질로 대체하는 것이 가능해졌다고 해도 무방할 정도이다.

천연 물질을 합성 물질로 아예 대체하기도 하지만 경우에 따라서는 천연 물질의 구조만 약간 바꿔 사용하기도 한다. 건축물로 치면 일종의 구조 변경(리모델링)에 해당한다. 새집을 짓는 것이 아니라 원래 있던 낡은 집의 구조만 일부 개조한 후에 그대로 사용하는 것이다. 그와 같은 방식으로 만들어지는 합성 물질로는 약재가 대표적인 예이다.

약재는 원래 자연에서 생명체들이 만들어 내는 천연 물질 중의 한 종류로 저마다 약효와 관련된 특징적인 구조를 가지는 유기물 분자이다. 화학자들은 약재의 정확한 분자 구조를 밝혀낸 후에 분자가 가지고 있는 어떤 작용기가 치료 효과를 나타내는지를 알아

낸다. 일단 분자의 구조와 특성을 규명하고 나면 그다음에는 이 분자에 대해 나름대로의 구조 변경을 시도한다. 원래의 치료 효과를 나타내는 부위는 그대로 둔 채 분자의 나머지 부분을 약간 바꾸는 것이다.

이러한 방식으로 만들어진 합성 약재는 원래의 치료 효과 외에도 다른 유용한 특성을 덤으로 나타낸다. 약재가 몸 밖으로 배출되는 속도를 낮추어서 약효를 오래가게 한다든지, 세균으로 하여금 다른 물질로 오해하게끔 만들어서 기존 약재에 대한 내성을 억제한다든지 하는 예를 들 수 있다.

이처럼 촉매와 작용기에 이어서 분자의 구조에 이르기까지 화학적 지식의 영역이 계속 확장됨에 따라 20세기 이후의 화학자들은 1600년대의 연금술사들은 생각해 보지도 못했던 놀라운 일들을 가능하게 만들었다. 화학자들이 개발한 화학 반응을 통해서 온갖 다양한 종류의 합성 물질들이 대량으로 생산될 수 있었다.

오늘날 우리는 자신도 모르는 사이에 향료, 색소, 안료, 각종 첨가제와 약재 등 수많은 종류의 합성 물질을 접하며 살고 있다. 플라스틱과 같은 합성 고분자 물질까지 고려하면 사실상 우리는 합성 물질 속에 푹 잠긴 채 살아가고 있다고 해도 과언이 아니다.

그러나 불과 100여 년 전으로만 돌아가 보아도 상황은 지금과 전혀 달랐다. 옷은 면과 모직으로 지었고, 음식은 자연에서 난 재료만 넣어서 요리했으며, 집 안의 온갖 물건은 나무로 제작했다. 이처럼 의식주는 물론이고 각종 생필품을 만드는 데 사용된 원재료는 거의 대부분 자연에서 채취한 그대로의 천연 물질이었다.

그러나 한 세기가 지난 지금, 우리가 사용하는 거의 모든 제품들은 천연 물질 대신에 합성 물질을 사용하여 만들어지고 있다. 겉모습만 보아서는 크게 달라진 것이 없는 것처럼 여겨질지도 모르지만 물질이라는 관점에서 보면 실제로는 뼛속까지 달라졌다고 할 정도로 아주 근본적인 차원에서의 엄청난 변화가 일어난 것이다. 과거 석기에서 청동기로, 다시 청동기에서 철기 시대로 넘어갈 때 우리 인류가 경험했던 것과 같은 급격한 사회 변화가 불과 지난 한 세기라는 짧은 기간 동안에 현재를 살아가는 우리들의 바로 눈앞에서 펼쳐지고 있다.

07

화학이 꿈꾸는 지속 가능한 세상

화학자가

세상을 바꾸다

"과연 천연 물질만으로도 현재와 같이 풍족한 물자를 공급할 수 있었을까?"

사회가 겪는 다양한 갈등의 이면을 들춰 보면 경제적인 요인이 주된 원인이 되는 경우가 많다. 가장 흔하고 대표적인 예는 물자가 심각하게 부족해져서 공급이 수요를 따라가지 못하는 경우이다. 물자의 공급이 부족해지면 많은 경우 분배의 균형이 깨지면서 계층 간의 불평등이 심화되어 사회적인 불안이 야기된다. 물자의 부족 사태가 해결되지 않고 오래가면 급기야는 소요와 혁명, 심지어 전쟁과 같은 심각한 분쟁으로까지 이어지기도 한다. 바로 이러한 불안정한 상황에 1900년대의 유럽이 놓여 있었다.

인류는 1900년대에 들어오면서 기존의 삶의 방식으로는 해결하기 힘든 거대한 장해물을 맞닥뜨리게 되었다. 그것은 바로 급격하게 늘어나는 수요와 이를 따라가지 못하는 공급이었다. 1800년대 중반의 산업 혁명을 계기로 무역의 규모가 커지고 인구도 빠르게 늘어나면서 전 세계적으로 소비가 급격하게 증가하여 물자에 대한 수요가 크게 늘어났다. 하지만 수요에 맞추어서 물자의 공급을 무작정 늘리는 것은 불가능했다. 원재료가 되는 자연에서 얻는 천연 물질의 양은 한정되어 있었기 때문이다. 결국 천연 물질과 이를 원재료로 삼아 만들어진 모든 물자가 부족해졌다.

공급의 부족은 분배 상황에도 왜곡을 가져왔다. 질이 좋은 천연 물질과 물자는 주로 상류 계층에게만 공급되었고 평민들은 늘 물자의 부족과 그로 인한 고통에 시달렸다. 그와 같은 불안정한 상황이 계속되면 사회적 갈등이 고조되어 심각한 문제가 일어나리라는 것은 불을 보듯 뻔했다. 이를 알아차린 주요 강대국들은 보다 더 많은 원재료를 확보하기 위해 가능한 모든 수단을 동원했다. 천연 물질을 얻기 위해 새로운 땅을 찾아서 전 세계를 누비는 탐험의 시대가 막을 열었다. 그러나 그 과정에서 약한 나라를 점령하여 수탈하는 식민지 정책이 확대되었고 노예 제도를 운영하는 등의 인권 유린이 용납되었다.

하지만 한정된 양의 자원을 사이에 두고 벌어지는 그와 같은 경쟁 방식에는 분명 한계가 있었다. 당시의 인류는 사실상 이 거대한 문제를 해결할 근본적인 대안이 없었고 그냥 당장의 위기를 수습하기에 급급하였다. 결국 아무런 대책도 없이 시간은 흘렀고 인류는 자신들의 앞을 가로막은 장해물을 향해 그대로 돌진하고 말았다. 국가 간의 첨예한 이해관계가 충돌했던 양차 세계 대전과 서로 다른 사회 계층 사이의 극심한 갈등이 가져온 공산주의의 탄생은 모두 이러한 물자의 부족에서 비롯된 사회적 갈등이 일시에 드러난 결과이다.

양차 세계 대전의 대립과 혼란을 통해 인류는 몇 가지 중요한 교훈을 배웠다. 물자의 공급 부족이 심각한 사회 문제와 격렬한 분쟁으로 번질 수 있다는 사실과 나의 부족함을 채우기 위해서 남의 것을 빼앗는 방식으로는 이 문제를 결코 해결할 수 없다는 것이었다. 그래서 전후 주요 강대국들은 국가의 총력을 기울여서 이 두 가지 문제를 해결하는 데 팔을 걷어붙였다.

하나는 물자의 부족으로 인해 어려운 상황이 오더라도 분배의 균형이 크게 깨지지 않도록 정치적인 제도를 대폭 개선하는 것이었다. 그 결과가 바로 오늘날의 민주주의 정치 제도와 이를 근간으로 하는 경제 체제이다.

또 다른 하나는 근본적으로 물자의 심각한 공급 부족이 초래되지 않도록 충분한 양의 원재료를 확보하는 것이었다. 자연에서

이대로라면
인구의 증가를
자원 공급이
따라잡지 못해!!
수량
인구
천연자원
시간
걱정 말아요!
우리 화학자들이
합성 물질들로
채워 줄 테니!
수량
합성 물질
시간

채취하는 한정된 양의 천연 물질만으로는 결코 이 문제를 해결할 수 없다는 것은 이미 증명된 터였다. 따라서 이를 실현하려면 다른 대안이 필요했는데 그것이 바로 화학 반응을 통해서 원재료가 될 합성 물질을 만들어 내는 것이었다. 이를 위해 강대국들은 중화학 공업을 대대적으로 육성하기 시작했고 원재료가 될 갖가지 합성 물질들을 대량으로 생산하기 시작했다.

물론 무에서 유를 창출할 수는 없다. 그 많은 합성 물질을 생산하기 위해서는 무엇이 되었건 기초 물질이 반드시 필요했고, 그것도 아주 많은 양이 있어야만 했다. 마침 그러한 조건에 딱 들어맞는 천연 물질이 있었으니 그것이 바로 원유였다. 남은 과제는 이 원유로부터 어떻게 하면 다양한 종류의 합성 물질을 많이 만들어 내느냐 하는 것이었다. 이 과제를 떠안은 사람들이 바로 화학자들이었다.

화학자들은 연금술사들이 그러했던 것처럼 인내와 끈기로 아주 집요하게 이 과제를 물고 늘어졌다. 수많은 화학자들이 아무도 눈여겨보지 않는 건물 한쪽 구석의 실험실에서 반복되는 시행착오와 거듭된 실패를 마다하지 않고 새로운 합성 물질을 만들어 내기 위한 실험에 매달렸다. 그러한 노력들이 빚어낸 결과가 바로 오늘날 온갖 합성 물질로 가득 채워져 있는, 우리가 살아가는 이 세상의 모습이다.

"만약 합성 물질이 없었더라면 우리 사회는 지금 어떠한 모습이 되어 있을까?"

적어도 물질적인 차원에서 보면 인류 역사에서 지금과 같은 풍요의 시기는 사실상 없었다고 해도 과언이 아니다. 자유 민주주의 국가의 모든 사람들은 자신의 사회적 신분과는 상관없이 자기가 원하는 물질적인 혜택을 누릴 자유와 권리를 보장받고 있다. 그 혜택을 한껏 누리지 못하는 이유는 금전적인 능력이 없어서이지, 물자가 모자라서는 아닐 것이다. 누구든 구매 능력만 갖추면 자신이 원하는 것을 얻을 수 있다. 적어도 물질적인 문제에 관한 한 아주 높은 수준의 평등을 누리고 있는 것이다. 이와 같은 상황을 가능하게 만든 데에는 정치, 경제, 사회적인 여러 요인들이 기여했지만, 그중에서도 가장 중요한 것을 하나 꼽으라고 하면 그것은 바로 값싸고 풍부한 합성 물질의 공급이라고 할 수 있다.

"만약 화학자들이 없었다면 이 세상은 과연 어떤 모습이 되어 있을까?"

사실은 정답이 없는 우문이다. 그러나 적어도 물질이라는 관점에서 보면 세상은 지금과는 사뭇 다른 모습이리라는 것은 확실하다. 아마도 개인의 인권과 평등이 존중되며, 비교적 큰 분쟁 없이 평화와 번영을 누리는 현재의 모습과는 거리가 있지 않았을까?

'철학자의 돌'을 좇아서 창고와 같은 칙칙한 작업실에서 인생을

다 보냈던 연금술사들로부터 새로운 '화학적 지식'을 찾아 온갖 기구와 시약에 둘러싸인 채 연구실에서 시간을 보내는 오늘날의 화학자들에 이르기까지, 화학이라는 분야에서 일하는 이들을 보면 하나같이 '사회 참여'와는 아주 거리가 멀어 보인다.

그런데 참으로 아이러니한 것은 역사적으로 이들이 화학적 지식의 영역을 넓혀 놓을 때마다 세상의 모습이 믿기 어려울 만큼 큰 폭으로 변해 왔다는 사실이다. 단지 그러한 변화가 수십 수백 년이라는 오랜 시간에 걸쳐서 일어났고, 변화의 규모도 워낙 컸기 때문에 오히려 사람들의 눈에 잘 들어오지 않았을 뿐이다. 그러고 보면 화학자들이란 사회에 단순히 참여하는 사람이라기보다는 사회의 모습 그 자체를 아주 근원적인 차원에서부터 바꾸어 버리는 사람들이라고 할 수 있다.

화학자는

지구와의 공존을 꿈꾼다

인간은 끊임없이 탐험을 떠나는 존재이다. 대륙을 누비고, 바닷속으로 들어가며, 우주로 나아가고, 우리 스스로의 몸속과 심지어는 정신세계까지도 탐험한다. 탐험의 원동력은 미지의 세계에 대한 강한 호기심과 '아는 것이 곧 힘'이라는 확신으로부터 나온다. 탐험을 하는 과정에서 얻게 되는 지식은 그 탐험의 대상에 대한 이해의 폭을 넓혀 준다. 그리고 그 지식을 활용하는 과정에서 우리가 사는 세상의 모습도 바뀌게 된다.

화학자들도 탐험을 하는 사람들이다. 화학자들은 물질 세계와 에너지 세계를 탐험하며 물질과 에너지에 대한 새로운 지식을 좇는다. 그들이 발굴한 화학적 지식은 일상생활의 구석구석까지 파고 들어가서 사람들이 물질과 에너지를 활용하는 방식에 커다란 변화를 가져온다. 그 결과가 바로 오늘날 우리가 살아가는 세상의 모습이다.

지금은 각종 금속과 합금, 세라믹, 플라스틱 등 너무나 많은 종류의 물질들이 사용되고 있어서 과거의 청동기나 철기와 같이 어느 한 종류의 대표적인 물질을 들어 시대의 이름을 붙이는 것이 불가능해졌다. 석탄과 석유는 물론이고 가스, 전기, 핵, 태양과 바람 등 에너지의 사용 방식도 다양하기가 이를 데가 없다. 화학적 지식의 영역이 확대됨에 따라 오늘날 우리들이 사용하는 물질의 종류와 에너지의 사용 방식이 놀라울 정도로 다양해진 것이다. 실로 인류 문명의 발달사가 화학의 변천사와 그 맥락을 같이한다고 할 수 있다.

잠시 하던 것을 멈추고 주변을 찬찬히 들여다보자. 잠시만 둘러보아도 자신이 온통 화학적 지식의 산물에 둘러싸인 채 인공적인 환경 속에서 살고 있다는 사실을 깨닫게 될 것이다. 먼 과거의 조상들이 야생의 거친 자연 속에서 살았던 것과는 너무도 다르다. 원시의 인류에게 있어서 자연을 제대로 이해한다는 것은 그 속에서 살아남을 수 있느냐를 좌우하는 생존의 문제였다. 이와는 대조적으로 오늘날의 현대인들에게는 자신을 둘러싼 인공적인 환경을 제대로 이해하고 있느냐가 더욱 중요한 문제가 되었다.

화학 반응을 통해 생산된 합성 물질은 오늘날 우리에게 실로 엄청난 물질적 혜택을 안겨 주었다. 그러나 다른 한편으로는 이들 합성 물질을 생산하고 사용하는 과정에서 발생한 오염으로 인하여 자연환경이 파괴되고 개인의 건강이 나빠지는 등의 심각한 문제들도 야기되었다. 마치 야누스의 두 얼굴처럼 화학적 지식에도 밝은 면과 어두운 면이 함께 존재하는 것이다.

따라서 오늘날 우리가 살아가는 인공적인 환경을 올바로 이해한다는 것은 이러한 환경을 만드는 데 기여한 온갖 합성 물질들의 밝은 면뿐만 아니라 어두운 면까지도 제대로 알아야 한다는 것을 의미한다. 알면 대책을 세우고 대안을 찾을 수 있지만 모르면 그것이 얼마나 심각한 결과를 초래하게 될지도 모른 채 그대로 받아들이기 때문이다.

지난 20세기까지만 해도 인류의 탐험은 그 탐험 대상을 착취적으로 이용하는 개발로 이어졌다. 이 개발이라는 방식을 통해서 인류는 역사상 유례를 찾기 힘든 놀라운 발전을 실현했다. 그러나 그 과정에서 탐험의 대상이 되었던 지구는 큰 대가를 치러야만 했다. 그 결과가 바로 오늘날 우리들 앞에 서서히 모습을 드러내기 시작한 자원 고갈과 환경 파괴의 실상이다. 인류가 살아가는 터전인 지구를 희생양으로 삼았던 지금까지의 방식이 더 이상은 지속될 수 없다는 사실이 여실히 드러나는 것이다.

탐험과
개발의
시대를
거쳐
지속 가능한
미래로!!
탐험 (exploration)
개발 (exploitation)
SUSTAINABLE

이제 21세기에 이어질 인류의 탐험은 지금까지와는 사뭇 다른 방향을 지향하게 될 것이다. 탐험(exploration)이라는 단어가 개발(exploitation)이라는 단어와 동일시되었던 과거에서 벗어나야 한다. 이제는 그 탐험의 대상을 어떻게 하면 보존하면서 함께 공존할 것인지를 고민하게 될 것이다. 그래야만 지난 수천 년 동안 이어져 온 인류의 발전이 미래에도 계속 지속될 것이기 때문이다.

당장의 목표가 무엇이건 모든 탐험 활동의 밑바닥에는 인간을 위한다는 '인본주의(humanism)'가 깔려 있다. 탐험의 결과가 개발로 이어졌던 과거에도, 보존으로 이어질 미래에도 마찬가지다. 탐험의 궁극적인 목적은 인류의 발전을 도모하고 이를 통해서 사람들의 생활을 윤택하게 하겠다는 인본주의를 바탕으로 하고 있다. 그러나 과거에나 미래에나 변하지 않는 한 가지 중요한 사실을 잊지 말아야 한다. 물질과 에너지에 대한 올바른 지식이 없이는 애초의 의도와는 달리 반드시 잘못된 결과를 낳게 된다는 사실이다. 이를 보여 주는 대표적인 예가 환경 오염이다.

흔히 환경 오염을 두고 화학 물질 탓을 하지만 실제로 손가락질을 받아야 할 주범은 화학 물질이 아니라 그 물질을 함부로 다룬 사람들의 무지함이다. 물질과 에너지를 제대로 이해하지 못한 것, 즉 화학적 지식이 모자랐던 것이 오히려 환경 오염의 주범이다. 따라서 인류의 탐험이 계속되고 그와 함께 인류의 발전이 지속되려면 물질과 에너지에 대한 올바른 이해, 즉 화학적 지식이 모든 활동의 기반을 단단하게 받치고 있어야만 한다.

이제 미래의 인류는 자신들의 '지속 가능한 발전'을 실현하기 위해서 깊이 고민하게 될 것이다. 자신들에게 남아 있는 한정된 물질과 에너지 자원을 어떻게 하면 최대한 효율적으로 사용할 것인가 하는 문제를 해결해야 한다. 물질과 에너지에 대한 새로운 화학적 지식이 없이는 해낼 수 없는 어려운 과제이다.

지속 가능한 발전은 현세대의 개발 욕구를 충족시키면서도 미래 세대의 개발 능력을 저해하지 않는 '환경친화적 개발'을 의미한다. 자본을 대규모로 동원하는 무절제한 개발과 자원 채취는 자연 환경의 수용 능력을 넘어서기 때문에 지속 가능 개발의 이념에 위배된다.

먼 옛날 구리를 추출한 이름 없는 발명가들, 중세의 연금술사들 그리고 1900년대의 화학자들이 그러했던 것처럼, '환경친화적인 화학자'를 꿈꾸는 미래의 누군가는 아마도 '뜻밖에 운 좋은 발견'을 통해서 다시 한 번 화학적 지식의 영역을 넓혀 놓으면서 이 과제를 풀어 가게 될 것이 분명하다.

2부

01

최초로 노벨상을 두 번 받은 마리 퀴리

빗물이 새는 허름한 창고에서 실험하다

강대국에 합병된 힘없는 나라에서 태어난 여인. 독립운동에 참여한 가정에서 태어났다는 이유로 경제적 핍박을 받았던 여인. 여성이라는 이유로 고국의 정식 교육 기관으로부터 입학을 거부당하는 바람에 애국 조직이 비밀리에 운영하던 '떠다니는 대학'에서 공부해야만 했던 여인. 스스로 돈을 벌면서 독학해야 했고 여성이기에 공부를 더 하려면 외국으로 나가는 수밖에 없었던 여인. 공부를 마친 후에도 여성이라는 이유로 고국의 대학으로부터 교수직은커녕 강사직마저 거절당했던 여인. 외국 대학에서 연구를 시작했으나 여성이라는 이유로 제대로 된 실험실 공간조차 배정받지 못했던 여인. 주목할 만한 연구 성과를 내면서

외국의 저명한 연구 모임으로부터 초청 강연을 부탁받았으나 여성이라는 이유로 강단에 서지 못하고 남편을 대신 세워야만 했던 여인. 세계적인 상을 받게 되었으나 여성이라는 이유로 마지막 선정 과정에서 배제되었던 여인. 결국 그 상을 받았으나 여성이라는 이유로 그 이후에도 오랫동안 자신이 속한 대학으로부터 연구 공간은 물론이고 변변한 연구 지원을 받지 못했던 여인. 세계적인 연구 성과에도 불구하고 여성이라는 이유로 자국의 과학 학회 회원으로 끝내 받아들여지지 못했던 여인. 제1차 세계 대전의 전장에 몸소 뛰어들어 부상자들의 치료에 큰 도움을 주었으나 여성이라는 이유로 아무런 공식적인 인정도 받지 못했던 여인. 마침내 국가의 영웅으로 인정받았음에도 불구하고 여성이라는 이유로 사후에 영웅들이 묻히는 사원에 안장되지 못한 채 60여 년을 기다려야만 했던 여인.

기구한 운명을 타고난 것처럼 보이는 이 여인은 19세기 말에서 20세기 초에 활동했던 한 화학자이다. 그녀가 하루 종일 실험에 매달렸던 대학 실험실은 오랫동안 사용되지 않은 채 버려져 있던 허름한 창고였다. 커다란 창문으로 햇빛이 쏟아져 들기는 했지만 제대로 된 환기 장치도 없었고 심지어 비 오는 날이면 천장에서 빗물이 새어 들어오기도 했다.

발목까지 드리운 군청색의 긴 원피스를 입은 그녀는 전류량을 측정하기 위해서 스스로 조립한 덩치 큰 측정 장치의 계기판을 읽고 그 숫자를 실험 노트에 적었다. 그러고는 유리로 된 비커와 플라스크, 분젠 가스버너와 삼각대, 절구와 공이 등이 널려 있는 다른 탁자로 자리를 옮겨 비교적 단순하지만 강한 인내심이 요구되는 실험에 다시 몰두했다. 그녀는 역청 우라늄석이라는 검은색 돌을 산에 녹인 다음 한데 섞여 있는 성분들을 따로따로 분리해 내는 작업을 지난 수개월 동안 계속 반복하고 있었다.

우라늄과 같은 방사성 원소에서는 오늘날 우리가 방사선이라 부르는 강력한 빛이 나온다. 하지만 맨눈으로는 이 빛이 보이지 않았기 때문에 1800년대까지만 해도 사람들은 그러한 사실을 전혀 모르고 있었다.

그러다가 1800년대 후반에 들어와 사진 기술이 등장하면서 우라늄을 함유하는 물질에서 나오는 빛이 사진 건판에 선명하게 찍힌다는 사실을 발견하게 되었다. 더구나 이 빛은 주변에 있는 공기를 이온화시키면서 전기를 발생시켰기 때문에 전류계로 그 세기를 측정할 수도 있었다. 그녀는 이 보이지 않는 강력한 빛에 깊은 흥미를 갖게 되었다.

"눈에 보이지도 않는 저런 강력한 빛을 자기 스스로 내다니! 우라늄만 저런 빛을 내는 것일까? 저렇게 스스로 빛을 낼 수 있는 또 다른 물질이 존재하는 것은 아닐까?"

이러한 의문을 품고 있던 그녀는 자연에서 나는 광석의 하나인 역청 우라늄석에서 우라늄으로부터만 나온다고 하기에는 너무나 강력한 빛이 나온다는 사실에 주목하게 되었다.

"역청 우라늄석에는 빛을 내는 또 다른 물질이 우라늄과 함께 섞여 있는 것이 분명해. 저 돌을 온전히 녹인 후에 녹아 나온 성분들을 따로따로 분리해 낼 수만 있다면 그 빛을 내는 물질이 무엇인지 확인할 수 있을 거야."

역청 우라늄석에 섞여 있는 미지의 물질을 확인하기 위해 이 여인은 돌덩이를 절구에 넣고 빻아서 가루로 만들었다. 그리고 역청 우라늄석 가루를 산에 녹여서 녹아 나온 물질들을 따로따로 분리해 내는 실험을 시작했다.

하지만 자신이 얻고자 하는 물질이 무엇인지를 전혀 몰랐을 뿐 아니라 역청 우라늄석에 섞여 있는 양도 워낙 적었기 때문에 미지의 물질을 분리해 내는 실험은 매우 어렵고도 힘들었다. 빛을 내는 다른 물질이 우라늄과 함께 섞여 있다는 자기 자신의 과학적 추론에 대한 굳은 믿음이 없었더라면 아마도 중간에 포기했을 법한 실험이었다. 무엇보다도 그녀의 강한 인내심과 집요함은 오랫동안 반복된 힘들고 고된 작업을 계속 이어 나가는 데 있어서 강한 버팀목이 되어 주었다.

20세기를 코앞에 두고 이제 막 19세기가 막을 내리던 1898년,

프랑스 파리 대학의 한 허름한 실험실에서 물리학자인 남편과 함께 역청 우라늄석의 성분을 분석하던 이 여인은 다름 아닌 마리 퀴리(Marie Curie)이다.

자연에서 나는 돌에 섞여 있던 미지의 방사성 물질을 확인하려는 어려운 작업에 매달렸던 퀴리는 1898년 마침내 폴로늄(Po)과 라듐(Ra)이라는 두 가지의 새로운 방사성 동위원소를 확인하여 학계에 보고하였다.

두 가지의 새로운 원소를 확인한 퀴리는 거기서 멈추지 않고 이 두 물질을 순수한 화합물의 상태로 추출해 내는 실험에 다시 몰두하였다. 오랫동안의 고된 작업 끝에 마침내 1902년에 순수한 라듐 화합물을 염(salt)의 형태로 얻어 내는 데 성공한다.

어렵게 손에 넣은 라듐 염의 무게는 겨우 0.1그램에 불과했지만 이를 위해서 1톤에 가까운 역청 우라늄석을 녹였다고 한다. 수년에 걸친 퀴리의 반복된 실험이 얼마나 고되고 힘든 작업이었는지, 그녀의 인내심과 집요함이 얼마나 대단한 것이었는지를 쉽게 짐작할 수 있다.

퀴리는 이어서 1910년에는 염이 아닌 순수한 금속 상태로 라듐을 추출해 내는 데도 성공한다. 이로서 눈에 보이지 않는 강력한 빛인 방사선을 방출하는 원소들에 대한 지식을 확장하는 데 크게 기여하였다. 퀴리는 그 공로를 인정받아 우라늄의 방사선을 처음

확인한 프랑스의 물리학자 베크렐과 그녀의 남편이자 동료 물리학자인 피에르 퀴리와 함께 1903년에 노벨 물리학상을 공동 수상했고, 1911년에는 단독으로 노벨 화학상을 받았다.

원자의 세계로 들어가기 위한

횃불을 밝힌 화학자

1914년에 제1차 세계 대전이 일어나자 퀴리는 자신이 하던 모든 실험을 내려놓고 열일곱 살 난 자신의 딸과 함께 전쟁터의 최전선으로 뛰어갔다. 외과 수술을 하는 의사들에게 X선 촬영이 큰 도움이 될 것이라고 확신했기 때문이다. 누가 시키지도 않았는데 순수한 인본주의와 열정에서 나온 자발적인 참전이었다.

그녀는 자신의 지식과 능력을 총동원하여 당시로서는 개발된 지 얼마 되지도 않은 자동차를 개조하여 야전에서 사용할 수 있는 이동형 X선 촬영 장비를 실었다. 그리고 이를 운용할 방사선 부대를 따로 훈련시켜서 전장으로 내보냈다. 또한 자신이 추출해 놓

LETTRES
SCIENCES
ÉCOLE NORMALE SUPÉRIEURE

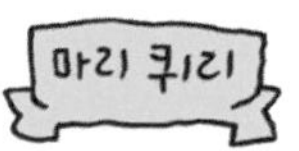
마리 퀴리

NOBEL
NOBEL

84
Po
209
POLONUM
88
Ra
226
Radium
96
Cm
247
Curium

았던 라듐에서 발생한 방사성 기체인 라돈을 모아서 이를 이용하여 부상자의 상처를 치료하는 새로운 치료 방법도 개발하여 적극 사용하였다. 이 과정에서 그녀는 미래에는 방사능 물질이 의료 분야에서 아주 유용하게 쓰일 수 있다는 가능성을 보게 되었고, 이후 이 분야에 특별한 관심을 쏟았다.

제1차 세계 대전이 끝나자 퀴리는 전쟁이 일어나기 직전에 설립했던 파리의 라듐 연구소를 키우기 위해 자신의 모든 역량을 동원했다. 화학, 물리, 의학 분야의 연구자들이 좋은 연구 환경에서 마음껏 실험할 수 있도록 하기 위해서 프랑스 정부로부터 자금을 끌어오고, 미국에 방문하여 대통령도 만나고 순회강연을 하면서 모금 활동에도 뛰어들었다.

그 결과 퀴리의 라듐 연구소에서는 이후 노벨상 수상자 여러 명을 더 배출하는 쾌거를 이루었다. 이후 그녀는 고국인 폴란드의 바르샤바에도 라듐 연구소를 설립했다. 오늘날 이들 두 연구소는 의학과 생명 공학 분야, 특히 암 치료에 관한 연구에서 세계를 선도하는 전문 연구소가 되었다.

단지 여자라는 이유로 인생의 매 순간 수많은 불이익과 배척을 이겨 내야만 했던 여성 화학자인 퀴리를 오늘날 우리는 다음과 같이 평가하고 있다.

여성으로서는 최초로 프랑스 국립 고등 사범 학교의 교원이 된 여인. 프랑스 파리 대학에서 임용된 최초의 여성 교수. 비록 60년이 지난 뒤였지만 여성으로서는 처음으로 프랑스의 영웅 묘역 판테온에 묻힌 여인. 여성으로서는 최초로 노벨상을 수상한 여인. 노벨상을 두 번이나 수상한 최초이자 유일한 여성. 남녀를 불문하고 과학의 두 개 영역에서 노벨상을 수상한 유일한 사람. 처음으로 '방사능'이라는 단어를 사용한 여인. 세계 최초로 방사능을 이용해 종양의 치료를 시작한 여인. 세계 최초로 프랑스 파리와 폴란드 바르샤바에 방사성 물질의 활용을 위한 전문 연구소를 설립한 여인. 제1차 세계 대전 중 세계 최초로 야전군 방사선 센터를 설립한 여인.

퀴리를 평가하는 모든 문장에는 '처음'과 '최초'라는 수식어가 항상 따라다닌다는 사실이 눈길을 끈다. 그녀는 1800년대 말 남성 위주의 사회를 거침없이 깨뜨리면서 앞으로 나아간 사실상의 여성 운동가였다. 그렇다고 해서 그녀가 여느 운동가처럼 자신의 권리를 찾기 위해 목소리를 높이거나 누군가와 맞서 거친 주장을 한 것은 결코 아니었다. 오히려 그녀는 겸손한 성격의 소유자였고 매우 정직하면서도 자기 절제와 의지가 강한 사람이었다. 그녀는 온갖 어려움에도 굴하지 않고 그저 조용히 자신이 좋아하는 것에 성실하게 최선을 다했을 뿐이었다.

퀴리의 마음속 깊은 곳에는 항상 인본주의와 이타주의가 자리를 잡고 있었다. 온전히 자신의 노력으로 일구어 낸 것임에도 불구하고 그녀는 자신의 명성으로 인해 주어지는 그 어떤 혜택도 자기 자신의 개인적인 이익을 위하여 사용되는 것을 거부했다. 상금과 기부금은 모두 공공의 이익을 위하여 사용되도록 했고, 자신의 연구 결과도 누구든지 마음대로 가져다가 쓸 수 있도록 특허로 묶는 것을 반대했다. 포상과 훈장들도 연구소나 주변 연구자들에게 이익이 될 경우에만 수락했고, 자기 자신의 명예만 높이는 경우에는 모두 거절했다. 심지어 프랑스가 수여하는 국가 최고의 영예인 레지옹 도뇌르 훈장도 일말의 망설임 없이 거절했다.

오랜 기간 실험하는 동안 방사선에 무방비 상태로 노출되었던 퀴리는 결국 골수가 다 망가져서 피가 생성되지 않는 백혈병에 걸려 죽음에 이르렀다. 하지만 그녀가 온몸을 바쳐서 추출했던 라듐은 계속 뒤에 남아서 다른 물리학자와 화학자 들로 하여금 아직도 어둠 속에 남겨져 있던 미지의 세계로 나아갈 수 있는 횃불이 되었다.

방사능 물질에 대한 지식을 전달받은 영국의 물리학자 러더퍼드는 얇은 금박 위에 방사선을 쪼여서 원자의 중심에 핵이 존재한다는 사실을 1911년에 처음으로 밝혀냈다. 이후 1917년에는 질소의 핵에 방사선을 쪼여서 인류 역사상 최초로 핵을 깨뜨리는 실험을 했고, 그 과정에서 핵을 구성하는 양성자를 처음으로 발견했다. 마침내 인류가 퀴리가 불을 붙여서 건네준 횃불을 들고 눈에 보이지 않는 원자의 안으로 들어가는 놀라운 여행을 시작한 것이었다.

이후 퀴리의 공로를 기리기 위해 방사선의 세기를 나타내는 기본 단위로 '퀴리(Ci)'를 사용하게 되었고, 1944년에 발견된 96번째 원소의 이름을 '퀴륨(Cm)'이라고 지었다. 세계 여러 지역과 도로, 다리와 기차역, 연구소와 암 치료 센터, 대학, 심지어 소행성의 이름에까지도 그녀의 이름이 들어가게 되었고, 각종 우표와 동전 그리고 지폐를 통해서 그녀의 얼굴을 만날 수 있다.

퀴리가 노벨 화학상을 수상한 1911년으로부터 100년이 지난 2011년은 더욱 기념할 만한 해였다. 그해를 프랑스와 폴란드는 '마리 퀴리의 해'로 지정했고 국제 연합(UN)은 '국제 화학의 해'로 선포했다. 오늘날에도 퀴리는 우리 주변에 그대로 살아 있는 것과 다름이 없다.

02

화학 결합의 본질을 밝힌 라이너스 폴링

분자의 세계로 들어가기 위한 횃불을 밝힌 화학자

퀴리가 밝힌 라듐의 횃불은 곧 같은 시대의 다른 물리학자들에게 건네어졌다. 퀴리가 역청 우라늄석을 녹이던 1897년, 영국 케임브리지 대학의 물리학자인 톰슨이 원자에서 '전자'라는 입자가 튀어나온다는 사실을 발견했다. 그의 제자였던 러더퍼드는 원자의 한가운데에 '핵'이 있고 원자 안쪽은 대부분이 실제로는 빈 공간이라는 사실을 발견했다.

이때부터 물리학계에서는 원자를 헤치고 들어가 그 속을 들여다보는 놀라운 여행이 시작되었다. 러더퍼드가 핵을 발견한 1911년부터 이후 불과 20년이라는 짧은 기간에 걸쳐서 그동안 미지의 영역으로 남겨져 있던 원자의 세계를 둘러싼 장막이 마치 눈사태가 일어나듯 일시에 벗겨져 내렸다. 그 속을 들여다본 이들은 깜짝 놀라 입을 다물 수 없었다. 아주 작은 미시 세계에서는 영국의 물리학자이자 수학자였던 뉴턴이 제시한 입자의 운동 법칙들이 전혀 통용되지 않는다는 사실이 밝혀졌기 때문이다. 학자들은 미시 세계에서 적용되는 새로운 법칙을 다시 써 내려가야만 했는데, 그것이 바로 '양자 역학'이다. 우리 눈에 보이는 거시 세계에서는 뉴턴의 '고전 역학'이 적용되지만 원자나 분자와 같은 미시 세계에서는 바로 이 양자 역학을 사용해야만 하는 것이었다.

물리학계에서 일어난 이 놀라운 변화를 특별히 주목했던 화학자가 있었다. 그는 바로 미국의 화학자인 라이너스 폴링(Linus Pauling)이었다. 오리건 주립 대학에서 화학 공학을 전공한 폴링은 캘리포니아 공과 대학의 대학원에 진학하여 1925년에 물리 화학 전공으로 박사 학위를 취득하였다. 학위 과정에서 그는 주로 'X선 회절'이라는 분석법으로 미네랄 물질의 구조를 규명하는 연구를 했으나 다른 한편으로는 그즈음 유럽을 중심으로 막 태동하고 있던 양자 역학에도 깊은 관심을 갖기 시작했다.

이듬해 구겐하임 재단에서 주는 기금을 받게 된 폴링은 그 돈으로 유럽으로 가서 당시 양자 역학의 대부라고 할 수 있던 독일의 이론 물리학자인 조머펠트, 덴마크의 물리학자 보어 그리고 오스트리아의 물리학자 슈뢰딩거 밑에서 연구 활동을 하면서 미시 세계에서 통용되는 법칙인 양자 역학의 진수를 전수받았다.

캘리포니아 공과 대학의 조교수가 되어 1927년에 미국에 돌아온 폴링은 원자의 세계를 들여다보는 데 사용되었던 양자 역학 이론을 어떻게 하면 분자의 세계로 끌어갈 것인지를 고민하기 시작했다. 당시의 화학자들에게 필요한 것은 원자가 아니라 분자를 들여다볼 수 있는 방법이었기 때문이다.

원자와 분자의 근본적인 차이는 바로 '결합'에 있다. 원자와 원자가 결합을 통하여 서로 연결되어야만 분자가 만들어지기 때문이다. 따라서 양자 역학을 이용하여 분자를 묘사한다는 것은 단순히 하나의 원자를 다루는 것과는 비교도 안 될 정도로 복잡하고 어려운 과제였다. 그때까지 물리학자들이 적용했던 방식 그대로는 양자 역학적으로 분자를 묘사한다는 것이 한마디로 불가능했다. 원자에서 분자로 넘어가려면 기존의 방식과는 다른 무언가 기발한 돌파구가 필요했다.

폴링은 그동안 축적해 왔던 자신의 실험 경험과 유럽에서 대가들로부터 전수받았던 양자 역학의 이론적 지식을 총동원하여 마침내 그 해결 방법을 찾아내었다. 그것은 바로 오늘날 화학자들이 '혼성'이라고 부르는 새로운 수학적 개념을 활용하여 결합을 양자 역학적으로 설명하는 방식이었다. 혼성이라는 수학적 개념을 적용하면 원자와 원자 사이에 결합이 어떤 방식으로 형성되는지를

알 수 있게 되고, 분자의 삼차원 구조를 아주 명쾌하게 설명할 수 있었다.

분자를 쉽게 다루려면 무엇보다도 어렵고 복잡한 계산 과정을 거치지 않고도 아주 간단하게, 그것도 매우 짧은 시간 안에 결합의 성격을 제대로 판단할 수 있어야만 했다. 이 사실을 마음에 두었던 폴링은 원자들이 결합을 형성할 때 본래 가지고 있던 전자들이 어느 쪽으로 치우치게 되는지를 판단할 수 있는 '전기 음성도'라는 개념을 처음으로 도입했다. 또 각 원자에 대하여 전기 음성도의 값을 지정한 '폴링의 전기 음성도 척도'라는 표를 제시하였다. 이 표에 나와 있는 값을 사용하면 결합의 성격, 다시 말해 결합이 이온 결합인지 아니면 공유 결합인지를 그 즉시에 비교적 정확하게 판단할 수 있었다.

미국 코넬 대학교의 초청으로 1년간 '베이커 강연'이라는 특강을 하게 된 폴링은 그가 했던 강의 내용을 토대로 1939년에 『화학 결합의 본질』이라는 책을 발간했다. 이 책은 분자의 세계로 들어가기 위해서 반드시 알아야만 하는 '원자가 결합 이론'이라는 내용을 담고 있었다. 폴링이 결합에 대해 정리해 놓은 이론은 분자의 세계를 탐험하려는 화학자들의 손에 들려진 횃불과 같았다. 퀴리가 물리학자들에게 건네주었던 라듐의 횃불이 폴링에게 다시 돌아와서 결국에는 분자의 세계로 들어가는 길을 환히 밝히게 된 것이다.

아이러니한 것은 중세의 연금술사였던 보일의 공기 펌프가 물리학자들의 손을 거치면서 열역학으로 발전된 후에 결국에는 화학자인 기브스에게 돌아와 에너지 세상으로의 문을 연 화학 열역학이라는 지식으로 발전되었던 과정을 그대로 빼닮았다는 사실이다. 오늘날의 화학자들에게 폴링의 책은 사실상 경전이나 다름이 없어서 대학의 화학과에 입학한 학생들은 누구나 기초 과정에서 그의 이론을 심도 깊게 배우게 된다. 결국 폴링은 결합의 본질을 밝힌 공로를 인정받아 1954년에 노벨 화학상을 수상했다.

폴링은 새로운 영역에 도전하는 것을 두려워하지 않는 열린 성격의 소유자였다. 간혹 발을 헛디디거나 실수를 하더라도 전혀 개의치 않았고 곧바로 일어나 앞으로 나아가는 돌격적인 면모도 강했다. 특히 그는 전혀 알지 못했던 사람들을 만나서 그들의 전문지식을 곧바로 전수받는 뛰어난 친화력과 흡인력을 가지고 있었다. 양자 역학을 배우려고 유럽으로 건너가 물리학계에 뛰어들었던 폴링은 결합에 관한 이론을 발표함으로써 양자 역학을 화학에 접목시키는 작업을 완성했다.

그러자 이번에는 생물학 쪽의 첨단 연구 주제에 눈을 돌리기 시작했다. 주로 무기물의 구조를 밝히는 연구에만 주력해 왔던 폴링은 그때까지만 해도 생체 물질에 대한 경험이 전혀 없는 상태였다.

그럼에도 불구하고 폴링은 생물학계의 유전 공학 분야의 대가들과 손을 잡고 자신의 원래 장기였던 X선 회절 분석법과 물리학계로부터 전수받았던 양자 역학적 계산 지식을 동원하여 헤모글로빈과 같은 '생체 분자'의 구조를 밝히는 연구에 몰두하기 시작했다. 화학, 물리, 생물의 세 영역의 지식들이 손을 맞잡은 것이었다.

결과는 놀라웠다. 인체의 건강이 헤모글로빈, 효소, 항체, 항원 등과 같은 생체 분자들과 아주 밀접한 관련이 있다는 사실을 알아낼 수 있었다. 나아가 단백질이나 DNA의 3차원 구조를 양자 역학적 계산을 통해서 밝힐 수 있다는 것도 보여 주었다. 생체 분자라는 개념을 적극적으로 도입했던 폴링의 연구를 계기로 생물학자들도 비로소 모든 것들을 분자의 수준에서 들여다보기 시작했다. 화학자들에게 분자의 세계로 들어가는 길을 밝혀 주었던 폴링의 횃불이 이제는 생물학자들에게로 건너간 것이었다.

반핵,
반전 운동에
헌신하다

화학자로서 물리학계와 생물학계를 휘젓고 다녔던 폴링을 오늘날의 많은 과학자들은 '양자 화학의 창시자'이자 '분자 생물학의 아버지'라 부른다. 하지만 이리 튀고 저리 튀는 폴링의 행보는 여기서 끝나지 않았다. 폴링은 제2차 세계 대전 중 잠수함에서 사용할 산소 농도 측정기, 부상자들에게 수혈할 인공 혈장, 전차용 철갑탄 등을 개발하였다. 미국의 전쟁 승리를 위해 자신의 과학적 재능을 쏟아부었던 그는 일본에 떨어진 원자 폭탄이 빚어낸 파괴와 살상의 모습을 보고서는 아연실색하고 만다. 전쟁이 끝난 이듬해인 1946년부터 폴링은 아인슈타인과 손을 잡고 반핵 반전주의자로 돌변했다.

이후 십여 년에 걸쳐서 폴링은 미국에서 대중들에게 핵무기의 위험성을 알리기 위해 자신의 모든 지위와 역량을 동원했고, 그 과정에서 정부와 극우 보수주의자들로부터 극심한 비난과 핍박을 받게 되었다. 그의 여권은 수시로 정지되었고 캘리포니아 공과대학에서도 해임되었으며, 주변 사람들로부터 변절자라는 비난을 받았다. 마침내 1960년에는 상원 청문회장에 세워져서 소련 공산주의의 대변자로 몰리는 수모까지 겪어야만 했다.

하지만 그의 반핵 운동은 집요하게 이어졌다. 폴링은 대중의 마음을 움직이기 위해 청원 운동과 텔레비전 토론 등 모든 반핵 활동에 앞장서면서 반핵 단체의 든든한 버팀목이 되었다. 잘 알려진 인권 운동가였던 그의 아내 아바의 도움이 결정적이었지만, 죽기 1년 전인 1954년에 "오랜 친구여, 내 인생의 가장 큰 실수는 루스벨트 대통령에게 원자 폭탄을 만들어야 한다는 편지를 보낸 것이라네."라고 폴링에게 털어놓았던 아인슈타인의 영향도 컸다.

폴링과 반핵 단체의 집요한 설득이 마침내 대중을 움직이면서 1963년 미국의 케네디와 소련의 흐루쇼프는 지상에서의 핵폭탄 실험을 중지한다는 조약에 전격적으로 서명했다. 조약이 발효되던 날 폴링은 다시 한 번 노벨상 수상자로 선정되었다. 이번에는 화학이 아닌 평화상이었다.

폴링은 거기에서도 멈추지 않았다. 1960년에 시작된 베트남 전쟁의 참상을 대중들에게 알리면서 반전 운동을 전개하기 시작했다. 미국 정부는 전적으로 폴링을 무시하는 전략을 쓸 수밖에 없었다. 정부의 반응을 이끌어 내기 위하여 폴링은 1970년 소련이 선정하는 '국제 레닌 평화상'을 수락하기까지 했다. 결국 미국은 아무런 국가적 실익도 남기지 못한 채 엄청난 사상자를 뒤로하고 1975년 베트남에서 완전히 철수했다.

반핵과 반전 운동을 끝내고 노년이 된 폴링은 다시 원래 자신의 관심사였던 분자의 세계로 되돌아왔다. 몸속 생체 분자의 농도를 바꾸면 병을 예방하거나 치료할 수 있을 것이라는 새로운 가설을 제시했다. 그는 이를 실험적으로 증명하기 위해 1973년 폴링 전문 연구소를 설립하고 연구에 돌입했다. 생체 분자의 농도에 영향을 주기 위해 사용된 첫 번째 물질은 비타민 C였다. 많은 양의 비타민 C를 복용하면 몸 안 생체 분자들의 농도에 변화가 생기면서 감기와 같은 특정한 질병을 예방하거나 치료할 수 있을 것이라는 가정이었다. 그의 주장으로 인해 학계에서는 많은 논란이 야기되었고 사회적으로는 비타민 C 열풍이 일어나 비타민 C 소비가 급증하기도 했다.

계속 이어지는 논란을 뒤로하고 1994년, 폴링은 좌충우돌했던 화려한 탐험을 마감하고 영면에 들어갔다. 오늘날 사람들은 그를 이렇게 기억한다.

LINUS PAULING
라이너스 폴링
LINUS PAULING
INSTITUTE
HO
HO
O
O
HO
OH
Vitamin C

노벨상을 단독으로 두 번 수상한 유일한 사람. 노벨상을 두 번 받은 네 사람 중의 한 사람. 두 개의 서로 다른 영역에서 노벨상을 받은 두 사람 중의 한 사람. 그런데 그 두 사람 중의 다른 이는 바로 퀴리였다.

3부

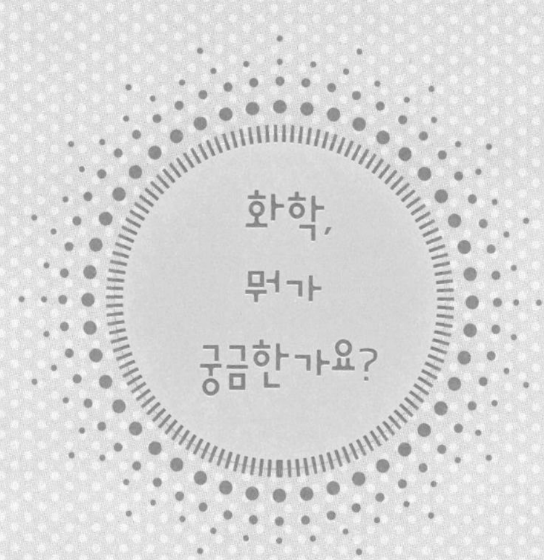

01

오줌에는 왜 인(P)이 들어 있나요?

인체는 생명 현상을 유지하기 위해 여러 가지 원소들을 필요로 합니다. 몸을 만들어 주는 탄소(C)나 신경 전달에 필요한 소듐(Na) 등이 그 대표적인 예이지요. 그래서 우리는 매일 음식과 소금을 통해서 각종 원소들을 인체에 공급해 주어야만 해요. 그러한 원소들 중에는 칼슘(Ca)도 포함되는데, 근육을 움직이는 데 있어서 없어서는 안 되는 매우 중요한 원소랍니다.

그런데 먹을거리에 풍부하게 들어 있는 탄소나 소듐과는 달리 칼슘을 그때그때 필요한 만큼 음식을 통해서만 공급하기란 여간 어려운 것이 아니랍니다. 그러다 보니 몸속 어디에든 칼슘을 잔뜩 저장해 놓았다가 필요할 때마다 꺼내어 쓸 필요가 있지요. 그 칼슘 저장소가 바로 뼈랍니다.

뼈는 인회석이라는 물질을 주성분으로 하는 딱딱한 고체인데, 매일매일 아주 조금씩 녹아서 몸속에 칼슘을 공급해 주고 있답니다. 물론 녹아서 없어진 부분은 다시 자라서 원래 모습이 되지요. 그런데 뼈가 녹으면 칼슘만 나오는 것이 아니에요. 바로 칼슘과 결합해 있던 인산(PO_4^{-3})도 함께 녹아 나온답니다. 우리 인체는 뼈에서 녹아 나온 인산도 여러 가지 용도로 활용합니다.

이렇게 뼈에서 녹아 나온 칼슘과 인산을 인체가 사용하고도 남게 되면 그 남은 것들은 오줌을 통해서 몸 밖으로 버리게 되지요. 그래서 오줌에 인(P)이 들어 있는 것이랍니다.

02

플라스틱은 어떻게 만드나요?

'이중 결합'을 가지고 있는 분자 중에서 가장 덩치가 작은 분자인 '에틸렌'은 화학식으로 쓰면 '$H_2C=CH_2$'가 됩니다. 탄소(C) 원자 두 개와 수소(H) 원자 네 개로만 이루어져 있어서 아주 작고 가벼운 분자예요. 워낙 덩치가 작고 가볍다 보니 에틸렌은 눈에 보이지 않는 기체 상태로 존재하지요. 약간 단내가 나면서 쉽게 불이 붙는 무색의 기체랍니다.

아주 작고 가벼운 분자라고 하더라도 엄청나게 많은 개수가 모여서 서로 꼬리에 꼬리를 물면서 연결되면 기다란 사슬이나 커다란 그물 형태를 가진 덩치가 큰 물질이 만들어져요. 그렇게 덩치가 커지면 눈에 보이고 손으로도 만져지는 액체나 고체 상태의 물질이 되는데 이를 '고분자'라고 부르지요.

플라스틱은 바로 이러한 고분자의 일종이에요. 작은 에틸렌 분자들이 사슬 모양으로 서로 길게 연결되어 덩치가 커지면 '폴리에틸렌'이라는 플라스틱이 되지요. 이렇게 사슬처럼 서로 연결되는 데 있어서 에틸렌의 이중 결합이 아주 중요한 역할을 해요. 이중 결합이란 마치 두 손을 깍지를 낀 채 맞잡고 있는 것과 같아요. 그래서 일단 깍지가 풀리면 두 손이 자유로워지면서 곁에 있는 다른 분자들을 붙들 수 있게 되는 거죠.

얼마나 많은 에틸렌 분자들이 어떤 방식으로 서로 손을 잡고 있느냐에 따라 만들어지는 플라스틱의 밀도나 딱딱한 정도가 달라지는데, 그 정도에 따라 저밀도 폴리에틸렌 LDPE(Low Density Polyethylene) 혹은 고밀도 폴리에틸렌 HDPE(High Density Polyethylene)라고 부르기도 한답니다. 폴리에틸렌은 현재 연간 약 8,000만 톤에 이르는 엄청난 양이 생산되고, 가장 널리 사용되는 플라스틱입니다. 각종 플라스틱 백, 얇은 필름, 플라스틱 용기 등의 형태로 우리 일상 속에서 아주 쉽게 만날 수 있지요.

03

굳이 인조 물질을 사용해야 되나요?

오늘날 우리가 매일 사용하는 생활필수품의 대부분이 공장에서 합성한 인조 물질을 사용하여 만들어집니다. 늘 입는 옷만 보아도 금세 알 수 있어요. 과거 우리의 먼 조상들은 옷을 만드는 데 무명, 모직, 비단, 삼베와 같은 천연 물질을 사용했어요. 반면에 오늘날 옷을 만드는 데 사용되는 섬유는 폴리에스테르, 레이온, 나일론 등과 같은 플라스틱의 일종인 인조 물질로부터 자아 낸 실로 짜지요.

자연에서 그대로 얻은 천연 물질의 대부분은 살아 있는 생명체가 만들어 낸 것들이랍니다. 무명은 면화의 열매, 모직은 양의 털, 비단은 누에의 고치, 그리고 삼베는 삼의 줄기에서 뽑아낸 실로 짠 천이지요. 생명체들이 이와 같은 천연 물질을 만들어 내려면 나름대로의 자연환경과 영양분을 필요로 할 뿐만 아니라 무엇보다도 오랜 시간이 걸린다는 단점이 있어요.

옷뿐만이 아니에요. 현재 우리 주변에서 흔히 볼 수 있는 플라스틱 제품들을 만약 나무와 같은 천연 물질로 만들어야만 하는 상황이라고 가정해 보면 얼마나 많은 양의 천연 물질이 필요할지 쉽게 상상할 수 있어요. 결국 전 세계 사람들이 사용하는 모든 것들을 전부 다 천연 물질만으로 만든다는 것은 불가능에 가깝답니다. 그래서 화학 물질을 사용하여 아주 짧은 시간 안에 대량으로 생산해 낸 인조 물질을 사용하게 된 거예요.

04

인조 물질은 몸에 해롭지 않나요?

꼭 그렇진 않아요.

인조 물질은 법의 울타리 안에서 관리되고 있어서 더 안전하단다.

천연 물질은 좋고 인조 물질은 나쁘다는 생각은 한마디로 잘못된 편견입니다. 마치 버섯 중에 식용 버섯뿐 아니라 독버섯도 있는 것처럼 사람이 만지거나 먹으면 안 되는 인체에 해로운 천연 물질은 지천에 널려 있어요.

인조 물질도 마찬가지여서 이로운 것과 해로운 것이 다 있답니다. 하지만 사람에게 해로운 인조 물질은 그 합성과 사용을 법으로 철저히 규제하기 때문에 어찌 보면 인조 물질이 오히려 더 안전하게 관리된다고 볼 수 있어요.

그런데 해로운 인조 물질에 대한 법이 제대로 지켜지지 않거나 그 물질의 위험성에 대한 지식이 모자랄 때에는 큰 문제가 되지요. 그것이 천연 물질이냐 아니면 인조 물질이냐에 상관없이 사람들이 피해를 입는 사고의 대부분은 자신이 다루는 물질이 위험하다는 사실을 모른 채 오용하거나 남용하면서 일어나요. 가장 쉬운 예가 바로 약이지요.

인조 물질인 약은 그 약의 효능과 부작용을 이해하고 의사의 지시에 따라서 제대로 사용하면 병을 치유하는 데 큰 도움을 주지만 그렇지 않았을 경우에는 심지어 죽음에까지 이르게도 해요.

따라서 충분한 화학적 지식을 갖추고 관련된 법을 준수한다면 인조 물질을 사용하는 것은 아무런 문제가 되지 않을뿐더러 인조 물질을 사용하는 데서 오는 많은 이점도 챙길 수 있게 된답니다.

05

어떤 사람이 화학을 하면 좋을까요?

중세의 연금술사에서 오늘날의 화학자에 이르기까지 화학적 지식을 발굴하기 위해서 사용하는 기본적인 방법은 관찰과 실험입니다. 관찰과 실험을 반복하다 보면 가설을 세우기도 하고 그것이 이론으로 발전하기도 하지요. 따라서 어릴 때부터 관찰하기를 좋아하고 나름대로 실험을 해 보는 습관이 몸에 배어 있다면 화학에 관심을 가져 보라고 권유하고 싶어요.

평소에 자기 주변, 특히 자연에서 일어나는 현상을 주의 깊게 관찰하고 수많은 의문을 품었던 학생이 나중에 화학을 공부하기 시작하면 남달리 큰 깨달음과 즐거움을 경험하게 된답니다. 그렇게 되면 어렵게만 보이던 화학이 쉽게 느껴질 뿐만 아니라 결국에는 좋아하게 되지요.

화학이란 물질의 세계와 에너지의 세계를 탐험하는 여정이에요. 화학은 다른 탐험과는 근본적인 차이점이 있는데, 그것은 바로 탐험하는 세상이 맨눈으로는 전혀 보이지 않는다는 사실입니다. 전자, 원자, 이온, 분자 그리고 에너지인 파동은 모두가 우리의 맨눈으로는 볼 수 없는 것들이지요. 그래서 화학자들은 매 순간 높은 상상력을 발휘해야만 해요. 눈에 보이지 않는 것들을 자신의 머릿속에서 제대로 이해하기 위한 고도의 두뇌 활동이 요구되는 것이지요.

보이지 않는 것을 머릿속에서 형상화할 때 우리는 일반적으로 서로 다른 두 가지 방식을 활용해요. 하나는 말 그대로 상상 속의 도형을 만드는 방식이고, 다른 하나는 그 도형을 기술하는 수학적인 함수로 인지하는 방식입니다. 화학자는 반드시 이러한 인지 능력을 동원하는 데 익숙해야만 해요. 두 가지의 방식 중 어느 것이든 좋아요. 물론 둘 다에 능통하다면 더 이상 바랄 것이 없고요.

청소년기에 공간 지각력과 수열-추리력이 필요한 과제에서 평균 이상의 점수를 받은 학생은 자기도 모르는 사이에 이 두 가지 인지 방식에 익숙해진 학생입니다. 그런 학생이 화학을 공부하게 되면 아마도 어려운 화학이 조금은 쉽게 여겨질 거예요.

06

화학자가 되려면 오랫동안 공부해야 하나요?

화학은 무엇인가를 실제로 만들어 내는 실용 학문이에요. 따라서 이론뿐 아니라 실험과 관찰을 통해서 실제 현장에서의 문제를 해결할 수 있는 실전 능력을 키우는 과정이 매우 중요해요. 이 모든 능력을 온전히 갖추려면 어쩔 수 없이 상당한 시간이 요구될 수밖에 없겠지요.

대학교에서는 주로 이론적인 부분에 치중하여 교육을 받고, 대학원의 석사 과정에서는 지도 교수의 지도하에 실험 능력을 집중적으로 기르게 된답니다. 석사 과정을 마치고 나면 혼자만의 힘으로 실험을 수행할 수 있게 되면서 마침내 화학에 관련된 여러 난관들을 극복할 수 있는 문제 해결 능력을 갖게 되지요. 스스로 자신의 가설을 세우고 이를 새로운 이론으로 발전시킬 수 있는 연구자로서의 능력을 제대로 갖추려면 대학원의 박사 과정을 마치는 것이 바람직합니다.

오늘날 국가의 경쟁력은 과학의 발전으로부터 나옵니다. 그만큼 화학 인재에 대한 수요는 매우 클 수밖에 없어요. 그런데 문제는 화학적 능력을 제대로 키우려면 교육을 오랜 시간 동안 받아야만 한다는 사실이에요. 그러다 보니 화학을 오랫동안 공부하려는 학생 수가 갈수록 줄어들고 있어요. 수요는 늘어나는 데 공급이 줄어드는 상황이 되면 화학을 공부한 사람에 대한 가치는 올라갈 수밖에 없겠지요. 국가 경쟁력을 높이려면 어쩔 수 없이 인위적으로라도 공급을 늘여야 하기 때문에 정부에서는 과학의 기초 분야, 특히 화학 분야에 많은 투자를 하게 됩니다. 선진국일수록 화학의 인재 양성에 막대한 투자를 해 온 지가 이미 오래랍니다.

이런 이유로 화학을 전공한 학생들은 대학원의 석·박사 학위 과정으로 진학하면 학비와 생활비를 받으면서 공부를 하게 되는 경우가 대부분입니다. 흔히 왜 내 돈을 써 가면서 그 고생을 하느냐는 학생들이 많은데 그것은 실상을 몰라서 갖게 된 잘못된 인식이에요. 정부나 기업으로부터 학비와 생활비를 받으면서 유능한 화학 인재로 거듭나기 위한 자기 계발을 하는 것이니 이것이야말로 '꿩 먹고 알 먹고'가 아니고 무엇이겠어요.

07

다른 나라에 가서 화학을 공부할 수 있나요?

대부분의 선진국에서는 공학, 농학, 의학, 약학을 전공하는 대학생들이 화학의 기본 소양을 의무적으로 갖추도록 해 놓았어요. 그러다 보니 화학과의 기초 과목과 실험 과목을 이수하려는 학생 수가 수백 명에 이르는 경우가 허다해요. 아무래도 화학을 가르치는 교원, 강사 그리고 조교가 모자랄 수밖에 없죠. 특히 실험 과목의 경우에는 한 번에 가르칠 수 있는 인원이 20명 정도의 소수로 한정되다 보니 많은 반을 담당할 수많은 조교가 필요하답니다. 그래서 선진국 대학의 화학과에서는 상당한 인력난을 겪게 되고 학생들이 몰리는 유명한 대학일수록 이는 더욱 심각해지죠.

이런 이유로 인해 선진국의 우수한 대학들에서는 외국의 뛰어난 인재가 자신들에게 오는 것을 두 손 번쩍 들어 환영하고 있답니다. 학비와 생활비를 지원하는 것은 기본이고 주거와 의료는 물론, 제반 복지 문제에 대한 세심한 배려까지 제공하죠. 매년 받게 되는 학비와 생활비만 하더라도 국내 대기업의 초봉을 훨씬 웃돌지요. 게다가 박사 과정으로 들어가면 적어도 5년 동안의 지원이 보장되어요. 그것뿐인가요. 5년 과정을 마치면 박사 학위를 수여하면서 이제는 어엿한 화학 인재가 되었음을 만방에 공식적으로 알려 주지요. 화학을 공부하는 과정이 어렵고 힘들다는 사실만 빼면, 세상에 이러한 직장이 또 어디에 있을까요?

08

'박사 후 과정'이란 무엇인가요?

화학 지식의 전수는 원래 도제 방식을 기본으로 합니다. 그래서 박사 학위를 받는 순간까지는 자신의 지도 교수의 가르침을 철저하게 따르게 되지요. 그래서 박사 학위란 어찌 보면 "이제는 하산을 해라." 하면서 지도 교수가 주는 해방 문서이기도 해요.

그런데 문제는 한 사람의 지도 교수 밑에서 한 가지의 연구 주제로 수년 동안 집중하다 보니 시야가 지극히 좁아져 있을 개연성이 매우 높아요. 그래서 박사 학위를 받고 나면 보통 최소 1~2년 동안은 자신의 시야를 넓히기 위한 박사 후 과정을 갖는 것이 좋습니다. 박사 과정과의 근본적인 차이는 이제부터는 모든 선택을 자기 자신이 스스로 한다는 것이에요.

흔히 사람들은 두 가지의 선택을 한답니다. 자신의 분야에서 더 깊이 파고 들어가거나, 아니면 자신의 분야를 벗어나 더 넓은 시야를 갖기 위해 새로운 분야에 뛰어들죠. 퀴리는 전자를 택했고 폴링은 후자를 선택했어요.

어떤 선택을 하건 박사 후 과정은 자신이 관심을 가진 분야의 대가를 찾아가는 것이 좋다고 생각해요. 대가는 분명 우리가 보지 못하는 무엇인가를 보고 있기 때문이지요.

09

화학을 공부하면 어떤 일을 할 수 있나요?

화학의 실용적인 특성 때문에 화학 전공자들이 사회에서 접하게 되는 기회는 매우 많고 다양하답니다. 기업의 생산 및 연구 활동, 사설 및 국공립 연구소의 업무, 화학 관련 제품의 영업 및 무역 업무 그리고 해당 제품의 사후 관리 등은 화학적 지식을 직접적으로 활용하는 일이지요. 그뿐 아니라 화학과 관련된 교육 및 정보 활동, 국공립 기관의 화학 유관 업무, 변리사와 같은 법 관련 업무, 과학 관련 방송 및 취재 등에 이르기까지 실로 화학이 손을 뻗치지 않은 곳이 없다고 해도 과언이 아니에요.

그것은 바로 화학이 모든 영역에서 기초 지식으로서의 역할을 톡톡히 담당하고 있기 때문이죠. 순수 과학은 물론이고, 공학, 농학, 의학, 약학 등 대부분의 과학 분야에서 화학은 반드시 기초 소양으로 갖추어야만 하는 보편적 지식이랍니다. 특히 요즈음은 문과 계열의 학생들도 사회에 나가서 제 역할을 하려면 화학의 기반 지식을 다져 놓는 것이 훨씬 유리해요. 주변에서 다루는 모든 것들이 화학과의 연관성을 가지고 있기 때문이지요.

또한 최근에는 자원과 환경에 관련된 주제가 전 세계적인 관심사로 떠오르고 있기 때문에 앞으로는 에너지와 환경에 관련된 새로운 업종과 직종들이 많이 생겨날 것으로 예상된답니다. 화학적 지식을 갖춘 사람들에게는 일종의 블루 오션이라 할 수 있죠.

10

화학자들은 왜 보안경을 끼나요?

화학자들이라고 해서 모두가 가운을 입고 보안경을 끼는 것은 아니에요. 의사 중에도 주로 수술만 하는 외과 의사가 있는가 하면 환자와 대화만 나누는 신경 정신과 의사가 있듯이, 화학에도 실험 위주의 연구가 있는가 하면 실험과는 거리가 먼 계산 위주의 연구도 있어요. 폴링이 후자에 속하고 퀴리는 전자의 대표적인 예랍니다.

실험을 위주로 하는 연구는 예상하지 못한 위험에 노출되는 경우가 많아요. 그래서 화학 실험을 할 때에는 기본적으로 신체의 노출된 부분을 최소로 줄이고 실험 가운을 걸치며 반드시 눈을 보호하는 보안경을 착용해야만 해요. 눈은 한번 상처를 입으면 결코 재생되지 않는 장기이기 때문이에요. 그뿐이 아니라 자신이 미처 깨닫지 못한 위험에 대해서도 항상 민감하게 대처를 해야만 하지요.

퀴리가 실험실에서 즐겨 입었던 진한 청색의 긴 원피스는 사실 남편인 피에르와 결혼할 때 입었던 웨딩드레스랍니다. 퀴리는 강한 산으로부터 자신의 신체를 보호하기 위하여 웨딩드레스를 실험 가운으로 입었던 것이죠. 그러나 그녀는 자신이 잘게 빻은 역청 우라늄석 가루와 거기에서 추출한 라듐에서 나오는 방사선이 인체에 치명적이라는 사실을 미처 눈치채지 못했답니다.

결국 퀴리 자신은 물론이고 1935년에 남편과 함께 노벨 화학상을 수상한 그녀의 딸인 졸리오퀴리도 방사선에 노출되어 얻은 병으로 인해 사망하게 됩니다.

방사성 물질로 오염된 퀴리의 실험 노트에서는 아직도 상당량의 방사선이 방출되어서 특수한 용기에 보관하고 있어요. 특수한 방호복을 입어야만 노트를 열람할 수 있다고 하네요.